人工智能蓝图

约书亚·埃克洛斯(Joshua Eckroth)　著

朱小虎　李紫辉　译

东南大学出版社
SOUTHEAST UNIVERSITY PRESS

·南京·

图书在版编目(CIP)数据

人工智能蓝图 /(美)约书亚·埃克洛斯
(Joshua Eckroth)著;朱小虎,李紫辉译. —南京:
东南大学出版社,2022.3
书名原文:AI Blueprints
ISBN 978 - 7 - 5641 - 9972 - 2

Ⅰ.①人… Ⅱ.①约… ②朱… ③李… Ⅲ.①人工智
能 Ⅳ.①TP18

中国版本图书馆 CIP 数据核字(2021)第 273987 号

责任编辑:张 烨   责任校对:子雪莲   封面设计:王 玥   责任印制:周荣虎

人 工 智 能 蓝 图
Rengong Zhineng Lantu

著 者	Joshua Eckroth	
译 者	朱小虎 李紫辉	
出版发行	东南大学出版社	
社 址	南京市四牌楼 2 号(邮编:210096 电话:025 - 83793330)	
网 址	http://www.seupress.com	
电子邮箱	press@seupress.com	
经 销	全国各地新华书店	
印 刷	常州市武进第三印刷有限公司	
开 本	787 毫米×980 毫米 16 开本	
印 张	14.75	
字 数	289 千字	
版 次	2022 年 3 月第 1 版	
印 次	2022 年 3 月第 1 次印刷	
书 号	ISBN 978 - 7 - 5641 - 9972 - 2	
定 价	88.00 元	

本社图书若有印装质量问题,请直接与营销部联系,电话:025 - 83791830。

序

回想起来,写这本书的想法在我脑海中酝酿多年了。我在斯坦森大学担任计算机科学的助理教授,2016 年春季,斯坦森大学第一次举办了年度黑客马拉松活动。负责组织该活动的学生们邀请了老师们举办编程和应用开发实战的相关讲座。和现在一样,人工智能在当时就是一个热门话题,所以我选择了这个话题,我充分利用了我的相关知识:我的博士学位就是这个学科的,并且这也是我在大学任教以来教了好几年的学科。这些相关知识帮助我完成了我的 *AI/ML IRL* 讲座,即人工智能和机器学习实战 (*AI/ML IRL*,*J. Eckroth*,*sudo HackStetson presentation*,*2016*, https://www2.stetson.edu/- jeckroth/ downloads/eckroth - ai - irl - stetson - hackathon - 2016.pdf)。该讲座涵盖了人工智能的实际应用,人们关于人工智能的恐惧和信心,最后我给出了如何在实际生活中使用人工智能技术的建议。在这个演讲中可以找到人工智能项目的工作流程(本书第 1 章)和炒作周期的相关讨论(本书第 8 章)。

与此同时,i2k Connect 公司的 CEO,也是我的同事,里德·史密斯(Reid Smith)博士获得了罗伯特·S.恩格尔莫尔纪念奖,该奖项由 *Innovative Applications in Artificial Intelligence* 大会和 *AI Magazine* 联合赞助。史密斯博士领奖时做了演讲(*A Quarter Century of AI Applications*:*What we knew then vs. what we know now*,*R. G. Smith*,*Robert S. Engelmore Memorial Lecture Award*,*presented at the Twenty - Eighth Conference on Innovative Applications of Artificial Intelligence* (*IAAI—16*),*Phoenix*,*AZ*,*15 February*,*2016*, http://www.reidgsmith.com/2016 - 02 - 15_Engelmore_Lecture. pdf),他讨论了多个成功人工智能应用的实例和经验教训。

史密斯博士和我讨论了各自对人工智能应用编程的贡献,然后我们共同为 2017 年春季的 *AI Magazine* 撰写了封面文章(*Building AI Applications*:*Yesterday*,*Today*,*and Tomorrow*,*R. G. Smith and J. Eckroth*,*AI Magazine 38(1): 6 -22*,*Spring 2017*,ht-

tps://www.aaai.org/ojs/index.php/aimagazine/article/view/2709)。这篇
文章总结了一系列成功运用人工智能和机器学习的重要应用。我们也展示了大众对人工
智能逐渐增长的兴趣,在本书的第 5 章中,我也更新并展示了大众对深度学习不断增长的
兴趣和热情。更重要的是,这篇文章介绍了人工智能工作流的基本特性,包括开发应用时
的重要注意事项。

时间暂时回到 2014 年,弗兰克·帕尔曼(Frank Pohlmann)联系我为另一家出版社写书。
我欣然应允,然后我们写好了大纲,但是当时我刚开始在斯坦森大学任教,由于事务缠身,
这个计划就被暂时搁置了。三年后,帕尔曼先生在 Packt 出版公司任职采购总编辑,于是
他再次联系到我。我之前提到的相关准备工作得以继续,我更好地管理了我的教学事务,
并且时机成熟,使得我可以投入这本书的写作。

这本书与此前其他相同主题的书略有不同。本书侧重于实际的程序编写以及使用了先进
软件库和技术的有用人工智能应用。本书也就其中涵盖的相关技术给出了基本知识。这
本书是对于我多年来的思考、写作和演讲的精神继承和高度总结。

这本书的完成离不开弗兰克·帕尔曼、里德·史密斯以及 Packt 员工的不断鼓励、深度见
解和编辑意见。埃里克·舍恩(Eric Schoen)博士是我在 i2k Connect 公司的另一位同事,
他欣然承担了本书的技术审稿工作。

埃里克·舍恩在斯坦福大学获得了博士学位,他从事软件开发工作已有数十年,其中在斯
伦贝谢(Schlumberger)公司工作了超过 30 年,最近担任了该公司的首席软件架构师。在
他的帮助下,我们调整了本书示例和解释中的技术复杂性。

我相信每个读者都知道从某种基本层面来说,现在正是发展人工智能的时候。它已经存在
了一段时间,在可以预见的将来也将如此。这本书旨在帮你了解人工智能在个人应用中发
挥奇效的秘密。

关于作者

约书亚·埃克洛斯(Joshua Eckroth)是斯坦森大学(Stetson University)计算机科学系助理教授,教授的课程包括人工智能、大数据挖掘和分析以及软件工程。他曾就读于俄亥俄州立大学,并获得了人工智能和认知科学方向的博士学位。埃克洛斯博士曾担任 i2k Connect 公司的首席架构师,该公司专注于使用人工智能技术对文档进行结构化处理,并利用领域专家技术进行信息的充实。

埃克洛斯博士曾在 Packt 平台推出了两门视频课程:*Python Artificial Intelligence Projects for Beginners* 和 *Advanced Artificial Intelligence Projects with Python*。可以在 *Google Scholar* 中查找到他的学术论文。

"我要向 i2k Connect 公司的工程总监埃里克·舍恩(Eric Schoen)博士表达衷心的感谢,感谢他花时间仔细阅读了每一章。我也要对 i2k Connect 公司的同事们表达我的谢意,在本书创作过程中,他们给了我很多重要的反馈和新思路。我还要感谢我的妻子,尽管这本书的写作超出了我的预期,但是她依然给予了我鼓励和耐心。"

关于审稿人

埃里克·舍恩担任 i2k Connect 公司的首席技术官,全面负责人工智能驱动的信息发现平台的建设。他在确保平台的实现、采用的人工智能技术和信息处理的算法足够健壮以使得平台可以扩展到基于云架构、本地部署和混合安装的多个场景方面起到了关键作用。

加入 i2k Connect 公司之前,埃里克在斯伦贝谢公司工作了超过 30 年,他的工作范围涵盖了科技研发和工程方法,最近担任该公司的首席软件架构师。在斯伦贝谢公司时,他贡献了一系列软件,从公司早期用于储层表征的知识系统以及 GeoFrame 和 Ocean 平台,到用于数据采集、传输、处理和交付的企业级体系结构的软件质量过程和策略。埃里克曾就读于斯坦福大学并获得了计算机科学(人工智能)方向的博士学位。

前　言

人工智能（AI）是热门的新事物。尽管人工智能已经发展了 50 余年，但近年来人工智能才在解决各种问题上取得巨大进步，开源软件的可用性也让它向所有程序员和组织开放。人工智能技术可以放大一个组织及其软件的能力，或者开启全新的追求。例如，在第 5 章中，我们展示了如何使用深度学习来检测 Twitter 上公开分享的照片中的公司 logo。如果没有这样的人工智能工具，这些照片可能永远不会被注意到，公司也无法了解他们的产品和服务如何与个人的日常生活联系起来。数据就在那里。Twitter、Reddit、新闻服务和其他网站都有公共 API，可以不断地提供评论、照片、视频、新闻文章以及更多内容。但是没人有时间把所有这些都看完，而且搜索和过滤器对照片也不起作用。人工智能彻底改变了规则。

本书的目标是改变你对人工智能在应用程序中运用的期望，同时让你拥有构建自己的人工智能驱动的应用程序的能力。通过涵盖广泛的应用和技术，我希望说明该领域并不是仅有某一种单一的人工智能（例如深度学习），也不会是一种单一类型的应用。

我们涵盖了规划（第 2 章）、自然语言处理（第 3 章和第 7 章）、推荐引擎（第 4 章）、深度学习（第 5 章）、逻辑编程（第 7 章）以及趋势和异常检测（第 6 章）。

这些应用表明人工智能可以在物流和自动化、客户关系和营销方面帮助组织。这些应用程序并非旨在取代人类工作者——相反，每个项目都会使工作中乏味的方面自动化，并为知识工作者提供新的见解。例如，第 3 章展示了如何分析社交媒体评论和新闻文章，以收集有关某些感兴趣主题的情感（正面或负面）的详细数据。有了这些数据，营销专家就可以判断营销活动是否成功，或者就何时推出新产品做出明智的判断。

现在是人工智能的时代了。我们目前正处于一个对人工智能（合理的）狂热推进的时代。想想这些假设的标题："医院开始使用人工智能来帮助诊断癌症""大学使用人工智能来确保按时毕业""营销公司构建人工智能以更好地瞄准消费者""航空公司利用人工智能简化登机流程"。每个标题都提到了一些改进，而人工智能被认为是导致改进的原因。但是如果我们把"使用人工智能"或"构建人工智能"换成"增加员工"或"雇用公司"呢？例如，"航空公司通过增加登机口和行动路线简化了登机流程……"它给人的感觉会更像和以前一样，而不是一种革命性的新方法。

有一些东西赋予了人工智能神秘、乐观、梦幻的特质。人工智能可以做任何事情！无论它做什么，都将是全新的！即使人工智能只是确定可以通过更多的行动路线来简化登机流程，旅客也可能会对结果感到惊讶。

"人工智能发现这是最优配置！"从某种意义上说，结果越陌生，我们就越有可能相信它来自人工智能并且它确实是最优的。

但他们没有错。人工智能是不同的。人工智能永远是新的。人工智能总是承诺昨天做不到的事，但是现在却可以轻而易举地完成。的确，他们并没有错，尽管有时人们总是夸大其词。

我希望通过这本书表明：人工智能是未来，它现在可用，并且将继续存在。

本书适用对象

本书主要面向熟悉 Java 和 Python 并希望学习如何在代码中使用人工智能和机器学习的软件工程师。然而，这本书不仅仅是技术和算法的清单。每个示例项目都包含了关于集成和部署策略以及部署后对人工智能进行持续评估的技术的详细讨论。这些项目和建议的工作流程针对的是希望将高级功能和自动化引入现有平台的中小型企业和初创公司。

本书涵盖的内容

第 1 章，人工智能工作流，介绍了人工智能工作流，这是构建和部署人工智能的成熟过程中的 4 个步骤。本章还讨论了人工智能在大型软件系统环境中的作用。本章最后简单介绍了在 第 2 章到第 7 章中开发的每个项目。

第 2 章，规划云基础设施的蓝图，展示了如何使用开源 OptaPlanner 约束求解器规划引擎来创建云计算资源规划。在给定时间和资金预算以及一组要完成的计算任务的情况下，本章开发了一个基于 Java 的解决方案，以最优的云资源数量，在最短的时间和最低的预算内完成任务。详细的基准测试表明该解决方案是准确的。人工智能工作流的每一步都旨在帮助读者准备部署解决方案。

第 3 章，有效利用反馈的蓝图，展示了如何从客户和公众那里获取关于公司产品和服务的反馈,以及如何识别对特定产品、服务或类别的反馈的情感或普遍情绪。演示了 Twitter 和 Reddit API 如何获取反馈。演示了两种用于情感分析的方法:基于字典的方法以及使用机器学习和 CoreNLP 库的方法。然后在仪表板视图中使用 plotly.js 将情绪数据可视化以进行实时更新。人工智能工作流的每一步都旨在帮助读者准备部署解决方案。

第 4 章,推荐商品和服务的蓝图,展示了如何为产品和服务构建和部署推荐引擎。给定所有用户活动(购买、点击、评分)的历史记录,设计出一个可以为个人用户提供适当推荐的系统。包括相关数学的概述,并使用 Python implicit 库来构建解决方案。详细介绍了持续评估方法,以确保推荐器在部署后继续提供适当的建议。人工智能工作流的每一步都旨在帮助读者准备部署解决方案。

第 5 章,在社交媒体中检测 logo 的蓝图,展示了如何构建卷积神经网络(CNN)来检测他人照片中的 logo。使用 Python 库 TensorFlow,向读者展示了如何采用现有的预训练对象识别模型(例如 Xception)并对其进行改进,以便使用小型训练图像集来检测特定对象。我们还演示了 YOLO 的使用并比较了结果。

然后重用第 3 章中的 Twitter API 代码从社交媒体中获取图像,并在这些图像上运行检测器以挑选出感兴趣的照片。本章还包括对卷积神经网络和深度学习的简短介绍。人工智能工作流的每一步都旨在帮助读者准备部署解决方案。

第 6 章,发现趋势和识别异常的蓝图,解释了如何发现和跟踪博客、网上商店或社交媒体平台上的趋势,以及识别与趋势相悖的异常事件。使用统计模型和异常检测算法,使用 Python 库 scikit-learn 开发代码。比较不同的方法以处理不同的用例。人工智能工作流的每一步都旨在帮助读者准备部署解决方案。

第 7 章,理解查询和生成响应的蓝图,展示了如何构建和部署自动帮助台聊天机器人。使用 Rasa Python 库和 Prolog 编码,开发了两个自定义聊天机器人,用于检查用户的问题并使用自然语言生成构建适当的答案。Prolog 代码帮助我们开发能够回答复杂问题的逻辑推理代理。人工智能工作流的每一步都旨在帮助读者准备部署解决方案。

第 8 章,为未来做好准备并在炒作周期中生存下来,探讨了人工智能的当前状态和不久的将来。它审视了人工智能多年来的炒作周期以及大众兴趣的戏剧性转变,并为如何在这种不可预测的环境中取得成功提供了指导。本章包括有关如何识别人工智能的新方法和进展,以及如何确定这些进展是否与实际业务需求相关的建议。

阅读本书你需要准备什么

本书使用了最先进的技术和软件库。无论出于何种原因,这些库的最初开发通常是在 Linux 或 macOS 机器上完成的,然后才移植到 Windows。因此,有些库可能难以安装在 Windows 机器上,尽管 Microsoft Windows 10 上的 Ubuntn 技术正在帮助缩小这一差距。例如,TensorFlow 已经支持 Windows 好几年了,但在 2017 年安装它仍然存在困难(https://github.com/tensorflow/tensorflow/issues/42)。软件库正在迅速变化,因此在本前言中详细说明安装过程没什么用。本书的代码库 https://github.com/PacktPublishing/AIBlueprints 提供了每章所需库的列表。每个库的安装过程都不同,有时会随着新版本的发布而变化。这些说明可以在库的链接主页上找到。

我有意选择使用最先进的库,即使它们经历了快速的发展和变化。这种更改通常是为了更好,但有时新版本会破坏现有代码或者不做一些工作就无法安装。但是,我觉得写一本关于旧技术的书不会有帮助。例如,本书中的所有 Python 应用程序都使用 Python 3.6(或更高版本),尽管许多应用程序在 Python 2.7 环境中进行微小更改后仍可运行。同样,我们使用 TensorFlow 1.10,这是撰写本书时的最新版本。例如,带有专为 TensorFlow 0.12 设计的代码的书籍将需要重大更新,尽管 0.12 是在不到两年前发布的。

说到 TensorFlow,如果你有 GPU,你会发现我们在第 5 章中开发的代码效率更高,更好(更昂贵)的 GPU 会带来更大的性能提升。即便如此,TensorFlow 仍然可以仅使用 CPU。

下载示例代码文件

你可以从你在 http://www.packt.com 上的账户下载本书的示例代码文件。如果你在其他地方购买了这本书,可以访问 http://www.packt.com/support 并注册,文件会直接通过电子邮件发送给你。你可以按照以下步骤下载代码文件:

1. 在 http://www.packt.com 上登录或注册。
2. 选择 **SUPPOKT**(支持)选项卡。
3. 单击 **Code Downloads & Errata**(代码下载和勘误表)。
4. 在搜索框中输入书名,然后按照屏幕上的说明进行操作。

下载文件后,请确保使用以下最新版本的工具解压文件:
——Windows 系统可用 WinRAR 或 7 - Zip

——Mac 系统可用 Zipeg、iZip / UnRarX

——Linux 系统可用 7‑Zip 或 PeaZip

本书的代码包也托管在 GitHub 上,网址为 https://github.com/PacktPublishing/ ProgrammingAIBusinessApplications。如果代码有更新,它将在现有的 GitHub 存储库中更新。

我们还在 https://github.com/PacktPublishing/上提供了丰富的图书和视频目录中的其他代码包。去看一下!

下载彩色图像

我们还提供了一个 PDF 文件,里面包含本书中使用的屏幕截图/图表的彩色图像。你可以在这里下载:https://www.packtpub.com/sites/default/files/downloads/ 9781788992879_ColorImages.pdf。

使用的约定

本书使用了许多文本约定。

CodeInText:表示文本中的码字、数据库表名、文件夹名、文件名、文件扩展名、路径名、虚拟 URL、用户输入和 Twitter 用户名。例如:"将下载的 WebStorm‑10 * .dmg 磁盘映像文件挂载为系统中的另一个磁盘。"

代码块的设置如下:

```
[default]
exten = >  s,1,Dial(Zap/1|30)
exten = >  s,2,Voicemail(u100)
exten = >  s,102,Voicemail(b100)
exten = >  i,1,Voicemail(s0)
```

当我们希望你注意代码块的特定部分时,相关的行或项以粗体显示:

```
[default]
exten = >  s,1,Dial(Zap/1|30)
exten = >  s,2,Voicemail(u100)
exten = >  s,102,Voicemail(b100)
exten = >  i,1 ,Voicemail(s0)
```

命令行输入或输出的写法如下：

```
# cp /usr/src/asterisk- addons/configs/cdr_mysql.conf.sample
/etc/asterisk/cdr_mysql.conf
```

粗体：表示新术语、一个重要的词或者你在屏幕上看到的词，例如在菜单或对话框中，也会像这样显示在文本中。例如："从**管理**面板中选择**系统信息**。"

警告或重要说明。

提示和技巧。

联系我们

我们随时欢迎读者的反馈。

一般反馈：如果你对本书的任何方面有疑问，请在邮件主题中提及书名，并发送电子邮件至 customercare@ packtpub.com。

勘误表：虽然我们已尽一切努力确保内容的准确性，但错误还是会发生。如果你发现本书中有错误，请向我们报告，我们将不胜感激。请访问 http://www.packt.com/submit- errata，选择你的书，单击 **Errata Subrnission From**（勘误提交表单）链接，然后输入详细信息。

盗版：如果你在互联网上发现任何形式的我们作品的非法复制品，请提供位置地址或网站名称，我们将不胜感激。请通过 copyright@ packt.com 联系我们，并提供材料的链接。

如果你有兴趣成为作者：如果你对某个主题有专长并且有兴趣撰写或贡献一本书，请访问 http://authors.packtpub.com。

评论

请留下评论。一旦你阅读并使用了这本书，为什么不在你购买它的网站上留下评论呢？潜在读者可以看到并使用你公正的意见来做出购买决定，我们 Packt 可以了解你对我们产品的看法，我们的作者可以看到你对他们书籍的反馈。谢谢！

有关 Packt 的更多信息，请访问 packt.com。

目　　录

1

人工智能工作流

像以前的许多技术一样，未来肯定会有无穷的技术进步，而人工智能（Artificial Intelligence，AI）无疑是当前最充满希望的理念。由于硬件和学习算法的最新进展，新的商业级软件平台以及用于训练的大型数据集的激增，任何软件开发人员都可以构建一个智能系统，它可以看（例如，人脸识别）、听（例如，通过语音书写、发送电子邮件）和理解（例如，要求 Amazon 的 Alexa 或 Google Home 设置提醒）。借助免费的现成软件，任何公司都可以拥有自己的聊天机器人大军，为每个潜在客户量身定制的自动销售代理，还有不知疲倦的网络机器人团队，它们可以扫描媒体来查找对公司产品的报道、照片和视频，以及其他用例。所有这些解决方案都可以由正规公司的正规软件开发人员构建，而不仅仅是资金雄厚的机构中的研究人员。

但是，任何经验丰富的专业人士都知道，与技术相关的风险与技术的新颖性、复杂性以及营销文案中的感叹号数量成正比。可靠的技术风险较低，但可能阻碍公司利用新机会。像任何智能自动化承诺一样，必须在构建和部署人工智能时考虑到特定的业务成果。必须制定详细计划以将其集成到现有的工作流程和过程中，并应定期对其进行监控，以确保部署人工智能的环境不会逐渐或急剧变化，从而使人工智能变得毫无用处，或者更糟糕的是，变成一个失控的代理。

本书将实用的人工智能技术与成功部署的建议和策略结合在一起。这些项目面向希望探索其组织中人工智能新用途的小型组织。每个项目都是为了在现实的环境中工作并解决有用的任务而开发的。几乎所有其他书籍、视频、课程和博客都只关注人工智能技术，而这本书可以帮助读者确保人工智能有意义并继续有效地工作。

在本章中,我们将介绍:

- 人工智能在软件系统中的作用
- 指导开发的独特人工智能工作流程的细节
- 本书中的编码项目概述

人工智能不是万能的

自然界中的伟大和崇高,当其作为原因最有力地发挥作用的时候,所促发的激情,叫做惊惧;惊惧是灵魂的一种状态,在其中所有活动都已停滞,而只带有某种程度的恐惧……如果危险或者痛苦太过迫近我们,那它就不能给我们任何愉悦,而只是恐惧;但是如果保持一定的距离,再加上一些变化,它们或许就会令人愉悦,就像我们每天所经历的那样。

—— 埃德蒙·伯克(*Edmund Burke*)

(*Philosophical Enquiry into the Origin of our Ideas of the Sublime and the Beautiful*,1757 年)

埃德蒙·伯克仔细研究美学上令人愉悦或美丽与引人注目、令人惊讶、令人恐惧和崇高之间的区别,这是对人工智能带来的承诺和恐惧的恰当隐喻。在一定距离内,通过正确的设计和精心的部署,人工智能具有那种让人惊叹于机器的特质。如果出于害怕落后或随意部署,如果被开发出来是为了解决不存在的问题,那么人工智能就是一种愚蠢的游戏,会严重损害公司或品牌。

奇怪的是,我们的一些顶级思想家和企业家似乎对快乐与恐怖之间的谨慎平衡感到焦虑。他们警告世界:

"成功创造人工智能将是人类历史上最大的事件……不幸的是,这也可能是最后一次。"

——斯蒂芬·霍金(*Stephen Hawking*)

(https://futurism.com/hawking-creating-ai-could-be-thebiggest-event-in-the-history-of-our-civilization/)

"我认为我们应该对人工智能非常谨慎。如果要我猜我们最大的生存威胁是什么，那可能就是这个。"

——埃隆·马斯克(*Elon Musk*)

(https://www.theguardian.com/technology/2014/oct/27/elon-muskartificial-intelligence-ai-biggest-existential-threat)

"首先，机器会为我们完成很多工作，并不是超级智能。如果我们管理得当，这应该是积极的。不过，几十年后智能将强大到足够让人重视。我同意埃隆·马斯克和其他一些人的观点，不明白为什么有些人对此毫不担心。"

—— 比尔·盖茨(*Bill Gates*)

(https://www.reddit.com/r/IAmA/comments/2tzjp7/hi_reddit_im_bill_gates_and_im_back_for_my_third/co3r3g8/)

对人工智能的恐惧似乎源自对失去控制的恐惧。人们认为，一旦人工智能"足够聪明"，它将不再服从我们的命令，或者它将自己做出灾难性的决定而不通知我们，或者它将对我们隐藏重要信息，并使我们服从其无所不能的意志。

但是，这些担忧可能会带来好处：聪明的人工智能可以在我们做出错误决定时告知我们，并防止尴尬或灾难发生。它可以自动完成繁琐的任务，例如打陌生电话来打开销售渠道；它可以收集、汇总和突出大量数据中的正确信息，以帮助我们做出更明智的决策。简而言之，判断人工智能的好坏可以通过查看其设计是否存在错误或缺点，它的使用上下文，即正确的输入和输出的完整性检查，以及公司在部署人工智能后跟踪其性能的持续评估方法。本书旨在向读者展示如何通过这些实践来构良好的人工智能。

尽管本书包含了各种人工智能技术与用例的详细讨论和代码，但大型系统的人工智能组件通常很小。本书介绍了规划和约束解决、自然语言处理(NLP)、情感分析、推荐引擎、异常检测和神经网络。这些技术中的每一种都足够令人兴奋且复杂，因此需要专门用于阐明和研究的教科书、博士学位和会议，但是它们只是任何已部署的软件系统的很小一部分。

图 1-1 显示了现代软件开发人员的一些日常关注事项。

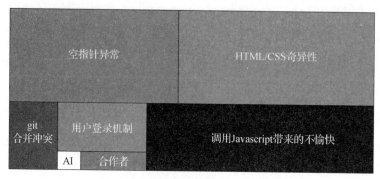

图 1.1 现代软件开发人员的日常关注事项

尽管人工智能组件可能是项目中最有趣的部分,但它通常是软件开发中麻烦最少的部分。正如我们将在本书中看到的那样,人工智能技术通常包含在单个项目模块、类或函数中。人工智能组件的性能几乎完全取决于输入的适当性以及输出的正确处理和清除。

例如,确定一条推文(tweet)或产品评论的情绪是正面还是负面的人工智能组件相对容易实现,尤其是对于当今的人工智能软件库而言(尽管库中的代码非常复杂)。另一方面,获取推文或评论(可能涉及身份验证和速率限制)、格式化和清除文本(尤其是处理奇怪的 Unicode 字符和表情符号),并将情感分析的输出保存到数据库中以进行汇总和实时可视化,这些比整个过程中的"智能"部分要花费更多的精力。

但是人工智能是最有趣的部分。没有它,就不会有洞察力和自动化。尤其是在如今拥有大量工具、技术和最佳实践的过度炒作环境中,这部分很容易出错。本书开发了一个人工智能工作流程,以帮助确保成功构建和部署人工智能。

人工智能工作流

构建和部署人工智能时应遵循一个工作流,该工作流尊重人工智能组件适合于现有流程和用例的更大背景这一事实。人工智能工作流程可以分为以下 4 个步骤:

    1. 描述问题、目标和业务用例

2. 开发解决问题的方法

3. 设计一个将人工智能组件集成到现有工作流中的部署策略

4. 设计并实现持续评估方法

为了帮助你确保遵循人工智能工作流,我们提供了一个清单,列出了工作流的每个步骤中要考虑的事项和问题。

确定问题特征

考虑到人们对人工智能的热情,为了不错过下一个大事件而将人工智能技术添加到平台中是有风险的。然而,人工智能技术通常是系统中较复杂的组件之一,因此有围绕人工智能的炒作以及它可能带来的先进新功能的承诺。由于其复杂性,人工智能引入了潜在的重大技术债务(technical debt),即难以管理甚至变得更难消除的代码复杂性。通常情况下,代码必须被编写成符合人工智能假设和约束条件的消息输入形式,并修复人工智能的错误输出。

Google 的工程师在 2014 年发表的一篇题为 *The High-Interest Credit Card of Technical Debt* 的文章(https://ai.google/research/pubs/pub43146)中写道:

> 在本文中,我们将重点放在机器学习代码和大型系统之间的系统级交互上,这是一个隐藏的技术债务可能迅速积累的领域。在系统级,机器学习模型可能会巧妙地侵蚀抽象边界。可能会诱使原本互不关联的系统产生意想不到的紧密耦合的方式重用输入信号。机器学习包通常可能被视为黑盒,从而导致大量的"胶水代码"或可以锁定假设的校准层。外部世界的变化可能会使模型或输入信号以意想不到的方式改变行为,从而增加维护成本和技术债务。如果没有进行仔细的设计,就连监控整个系统是否按预期运行可能都是困难的。
>
> *Machine Learning: The High-Interest Credit Card of Technical Debt, D. Sculley, G. Holt, D. Golovin, E. Davydov, T. Phillips, D. Ebner, V. Chaudhary, and M. Young, presented at the SE4ML: Software Engineering for Machine Learning(NIPS 2014 Workshop), 2014*

他们接着记录了人工智能和**机器学习(ML)**技术通常带来的各技术债务,并提出了一些缓解措施,以补充我们在人工智能工作流中涵盖的措施。

人工智能应解决无法通过传统方式解决的业务问题。技术债务的风险过高(比许多其他类型的软件实践都要高),因此不能在没有明确目的的情况下考虑添加人工智能技术。

使用人工智能解决的问题应该是可解的(solvable)。例如,直到 Amazon Echo 和 Google Home 取得了最新进展,在一个大而嘈杂的房间中进行语音识别才成为可能,而几年前,试图构建一个需要此功能的产品是愚蠢的。

人工智能组件应该被定义明确且有界。它应该执行一个或几个任务,并且应该利用已建立的算法,例如后面各章中详细介绍的算法。人工智能不应被视为解决任何指定或未指定问题的无定形智能门房。例如,我们在第 7 章中的聊天机器人案例研究是专门为处理用户可能提出的一小部分问题而设计的。一个试图回答所有问题的聊天机器人,也许会根据用户与它的对话进行某种形式的持续学习,是一个很可能让它的创造者感到尴尬的聊天机器人,就像 Microsoft 的 Tay 聊天机器人 (https://blogs.microsoft.com/blog/2016/03/25/learning- taysintroduction/)。

总而言之,人工智能应该解决业务问题,应该使用已知能够解决问题的既定技术,并且应该在更大的系统中有一个明确定义且受限制的角色。

检查清单

- 人工智能解决了一个明确表述的业务问题
- 已知该问题可以通过人工智能解决
- 人工智能使用了已建立的技术
- 明确定义和界定了人工智能在更大规模系统中的作用

开发方法

在描述了要解决的问题之后,必须找到或开发一种解决问题的方法。在大多数情况下,企业不应尝试开展新领域的研究项目以开发解决问题的新方法。由于不能保证在合理的时间内找到有效的解决方案,因此此类研究项目有很大的风险。相反,人们应该更喜欢现有的技术。

本书涵盖了用于各种任务的几种现有的、经过验证的技术。其中许多技术,如规划引擎、自然语言词性标注和异常检测,对人工智能研究社区来说,远不如**卷积神经网络(Convolutional Neural Networks,CNN)**等一些较新的方法令他们感兴趣。但是这些老技术仍然非常有用。用**人工智能促进协会(Association for the Advanced of Artificial Intelligence,AAAI)**研究员里德·史密斯(Reid Smith)博士的话来说,这些技术已经"消失在结构中",我和他 2017 年在 *AI Magazine* 上发表了一篇题为 *Building AI Applications:Yesterday,Today,and Tomorrow* 的文章(*Building AI Applications:Yesterday,Today,and Tomorrow,R. G. Smith and J. Eckroth,AI Magazin,vol. 38,no.1,pp.6 -22,2017*,https://www.aaai.org/ojs/index.php/aimagazine/article/view/2709)。有时被称为"人工智能效应"的概念是,任何已经变得司空见惯的东西都不再是人工智能,而是日常的软件工程(https://en.wikipedia.org/wiki/AI_effect)。我们应该通过感知人工智能技术的"无聊"程度来衡量它的成熟度,例如无聊、普通的启发式搜索和规划。第 2 章用这种无聊但成熟的人工智能解决了一个现实世界的问题。

最后,在开发一种方法时,还应注意确定计算和数据需求。某些方法(例如**深度学习**)需要大量地使用这两者。实际上,如果没有一些高端**图形处理单元(Graphics Processing Unit,GPU)**和成千上万的训练样例,深度学习几乎是不可能的。通常,诸如 CoreNLP 之类的开源库将包含高度精确的预训练模型,因此可以避免为训练目的获取足够数据这一挑战。在第 5 章中,我们演示了一种为自定义用例定制预训练模型的方法,即所谓的"迁移学习"。

检查清单

- 该方法不需要重大的新研究
- 该方法相对成熟且普遍
- 具备必要的硬件资源和训练数据

设计部署策略

即使是最智能的人工智能也可能永远不会被使用。人们很少改变自己的习惯,即使这样做有好处。找到一种方法将新的人工智能工具集成到现有工作流中,对于整个人工智能工作

流而言,与为人工智能制定业务用例并进行开发一样重要。史密斯博士和我写道:

> 人工智能系统构建者学习的最重要的教训也许是成功取决于集成到现有工作流
> 中——实际使用的人类环境。完全替换现有工作流是很少见的。因此,应用程序
> 必须与人们使用的其他工具很好地配合。换句话说,人机界面提供的易用性就是
> "操作许可"。除非设计师正确地做到这一点,否则人们可能永远都看不到背后的
> 人工智能力量;他们已经走开了。

*Building AI Applications: Yesterday, Today, and Tomorrow, R. G. Smith and
J. Eckroth, AI Magazine, vol. 38, no.1, Page 16, 2017*

存在许多糟糕集成的示例。以 Microsoft 的"Clippy"为例,这是一个试图帮助用户拼写字
母和检查其文档拼写的卡通人物。它最终从 Microsoft Office 中被移除了 (https://
www.theatlantic.com/technology/archive/2015/06/clippy - the - mi-
crosoftoffice - assistant - is - the - patriarchys - fault/396653/)。尽管它
的帮助可能是有用的,但问题似乎在于,从某种意义上讲,Clippy 在社交方面很笨拙。
Clippy 几乎总是在错误的时间询问用户是否需要帮助:

> *Clippy 遭受了可怕的"首次使用优化"问题。也就是说,当你第一次使用 Word 写
> 一封信时,你可能会很感激有关如何使用各种信函格式设置功能的建议。接下来
> 的 10 亿次,当你键入 "Dear……"并看到 Clippy 跳出来时,你会想尖叫。*

(https://www.theatlantic.com/technology/archive/2008/04/- quotclippy
- quot-update-now-with-organizational-anthropology/8006/)

在最近的一个例子中,大多数智能手机用户不使用 Apple Siri 或 Google Home,尤其是在
公共场合(*What can I help you with?: Infrequent users' experiences of intelligent per-
sonal assistants, B.R. Cowan, N. Pantidi, D. Coyle, K. Morrissey, P. Clarke, S. Al -
Shehri, D. Earley, and N. Bandeira, presented at the 19th International Conference on
Human-Computer Interaction with Mobile Devices and Services, New York, New York,
USA, 2017, pp. 43 -12*)。改变社会规范以增加产品的使用率是一项重大的营销挑战。
另一方面,"google"某些东西显然与人工智能有关,这是一种非常根深蒂固的活动,因此在
牛津英语词典中被定义为动词("Google, v.2" OED Online, January 2018, Oxford Univer-

sity Press, http://www.oed.com/view/Entry/261961? rskey= yiwSeP&result=
2&isAdvanced= false)。Facebook 上的人脸识别和自动标记已被数百万人使用。我们
会毫不犹豫地点击 Amazon 和其他在线商店上的产品推荐。我们有许多日常工作流程已
演变为包括人工智能。

通常,如果收益很大,则要求用户对自己的习惯进行小的更改会比较容易;如果收益很小,
就很难或不可能要求用户对其习惯或工作流程做出较大的改变。

除了考虑用户体验,人工智能的有效部署还需要考虑其在更大系统中的位置。向人工智能
提供哪些类型的输入? 它们是否始终采用正确的格式? 人工智能是否对这些输入有一些
假设,这些假设在极端情况下可能无法满足? 同样,人工智能会产生哪些类型的输出? 这
些输出是否始终在既定范围内? 基于这些输出是否有任何自动化的东西? 是否会根据人
工智能的决定向客户发送电子邮件? 会发射导弹吗?

正如上一节所述,人工智能并不是一切,通常需要围绕人工智能组件编写大量代码。人工
智能可能对它接收的数据类型有很强的假设。例如,卷积神经网络只能处理特定的固定大
小的图像——较大或较小的图像必须先被压缩或拉伸。大多数自然语言处理技术都假定
文本是使用一种特定语言编写的,在法语文本上使用英语模型进行词性标记会产生虚假
结果。

如果人工智能得到了糟糕的输入错误,或者即使人工智能得到了良好的输入,结果也可能
是糟糕的。对输出执行什么样的检查以确保人工智能不会使你的公司看上去很愚蠢? 如
果人工智能的输出被送入一个自动化过程(例如发送警报和电子邮件,将元数据添加到照
片或帖子中,甚至推荐产品),那么此问题就特别重要。大多数人工智能将连接到某种自动
化程序,因为人工智能的附加值通常集中在其使某些任务自动化的能力上。最终,开发人
员需要确保人工智能的输出是准确的,这在工作流的最后一步——设计并实现持续评估中
得到了解决。然而,首先,我们提供了一个用于设计部署策略的检查清单。

检查清单

- 如果人工智能是面向用户的,则规划一个符合现有习惯或工作流的用户体验,需要
  用户做出很少的改变
- 确保人工智能以最小的使用障碍增加显著的价值

- 列出人工智能关于其输入与输出的性质（格式、大小、特征）的假设或要求
- 明确说明人工智能输入和输出的边界条件，并制订计划以忽略或纠正越界和虚假的输入与输出
- 列出人工智能输出用于自动化某些任务的所有方式，以及糟糕输出可能对该任务、用户体验以及公司声誉产生的潜在影响

设计并实现持续评估

工作流的第 4 个也是最后一个阶段涉及部署后的人工智能。据推测，在开发过程中，人工智能经过了广泛的现实输入的训练和测试，并表现出令人称赞的性能。然后再进行部署。那么为什么需要改变呢？

没有一个大型软件，当然也没有一个人工智能系统，曾经基于所有可能的输入进行测试。开发"对抗性"输入（即旨在破坏人工智能系统的输入）是人工智能的一个完整的子领域，拥有自己的研究人员和出版物（https://zh.wikipedia.org/wiki/Adversarial_machine_learning）。对抗性输入显示了我们的某些人工智能系统的局限性，并帮助我们构建更强壮的软件。

但是，即使在非对抗性情况下，人工智能系统也会以各种方式退化或损坏。根据《卫报》报道，YouTube 的推荐引擎（建议下一个要观看的视频）已经开始在适合儿童观看的视频旁边显示极端主义内容。良性视频的广告客户会对此类内容与意想不到的品牌关联感到不安是合理的（https://www.theguardian.com/technology/2017/mar/25/google-youtube-advertising-extremist-contentatt-verizon）。尤其是当使用大量示例数据训练人工智能时，人工智能可以从数据中挑选出无法正确反映我们社会的统计规律。例如，某些人工智能已被证明是种族主义者（https://www.theguardian.com/inequality/2017/aug/08/rise-of-the-racist-robotshow-ai-is-learning-all-our-worst-impulses）。这种情况通常应归咎于训练集的质量。当成熟的成年人检查数据时，他们能够用一生的经验来解释。他们明白，由于数据收集中可能存在的系统性偏差等各种原因，数据可能出现偏差。但是，将这些数据输入人工智能很可能产生一种没有终生经验可依赖的反社会的人工智能。相反，人工智能绝对信任数据。数据是人工智能所知道的一切，除非在代码中添加额外的检查和平衡。

部署人工智能的环境几乎总是在变化。部署到人类身边的任何人工智能都将处于不断进化的环境中。随着时间的推移,人类在产品评论中使用的词语会发生变化,如"far out""awesome""it"等等（https://blog.oxforddictionaries.com/2014/05/07/18 - awesome - way - say - awesome/),他们的语法(即 Unicode 笑脸、表情符号、表情包动图)也会发生变化。人们为自己和他人拍摄的照片已经从通常由旁观者拍摄的肖像变为自拍,从而极大地改变了照片中人脸的角度和方向。

任何成为一个人的工作流一部分的人工智能都将由那个人操纵。用户将尝试理解人工智能的行为,然后逐渐调整自己使用人工智能的方式,以便从中获得最大利益。

弗雷德 • 布鲁克斯(Fred Brooks),IBM 的 System / 360 项目经理、图灵奖得主,在他的 *The Mythical Man - Month* 一书中指出,系统在部署之前就处于一种亚稳态(metastable)模式——对它们的操作环境或输入的任何更改都可能导致系统崩溃到功能较差的状态:

> *系统程序的构建是一个熵减的过程,因此本质上是亚稳态的。程序维护是一个熵增的过程,即使是最熟练的执行也只会将系统的沉陷延迟到不可修复的过时状态。*
>
> *The Mythical Man-Month: Essays on Software Engineering, Anniversarg Edition, F.P. Brooks, Jr, Addison Wesley, 2/E. 1995, Page 123*

也许每个系统都不可避免地会过时。但是,可以通过在系统部署后持续监测系统并根据新数据修改或重新训练系统来推迟这一命运。这些新数据可以从系统的实际操作环境而不是从其预期的操作环境中获取,这是部署之前所知道的全部。

以下检查清单可以帮助系统构建者设计并实现持续评估方法。

检查清单

- 定义性能指标。这些通常是在系统构建期间定义的,可以在持续评估中重用。
- 编写根据这些指标自动进行系统测试的脚本。创建"回归"测试以确保系统之前已充分解决的情况在未来仍能得到充分解决。
- 如果数据大小不是不可承受的,保留所有人工智能输入和输出的日志;如果是不可承受的,保留汇总的统计数据。定义警报条件以检测性能是否下降,例如,检测人工智能系统是否异常地重复产生相同的输出。

- 考虑从用户那里征求反馈意见,并将该反馈意见汇总在经常被查看的地方。阅读第 3 章,了解处理反馈的明智方法。

章节概述

第 2 章至第 7 章中详细介绍的项目展示了多个人工智能用例和技术。在每一章中,都是在特定项目的背景下讨论人工智能工作流。我们鼓励读者不仅要练习这些技术并学习新的编码技能,而且要批判性地考虑人工智能工作流如何应用于本书范围以外的新情况。

第 2 章展示了如何在规划引擎中使用人工智能来为优化云计算资源提供建议。通常,人工智能和机器学习需要大量的计算时间来进行训练或处理。如今,对于这些大型计算工作而言,云计算已成为一种经济高效的选择。当然,云计算会花费一定的金钱和时间成本。根据工作的不同,任务可以在多个云实例上并行运行,从而显著减少时间,但可能会增加成本,具体取决于任务在每个实例上启动所需的时间。

本章展示了如何使用开源的 **OptaPlanner** 约束求解器规划引擎来创建云计算资源的规划。本章开发了基于 Java 的云资源优化方案,以最短的时间和最低的预算完成任务。详细的基准测试表明该解决方案是准确的。

第 3 章展示了如何从客户和公众那里获取有关公司产品和服务的反馈,以及如何识别对特定产品、服务或类别的反馈的情感(或普遍情绪)。演示了用于获取反馈的 Twitter 和 Reddit API。演示了两种用于情感分析的方法:基于字典的方法和基于 CoreNLP 库的机器学习方法。然后在仪表板视图中使用 **plotly.js** 可视化情感数据,以进行实时更新。

第 4 章展示了如何为产品和服务构建和部署推荐引擎。给定所有用户活动(购买、点击、评分)的历史记录,设计一个可以为每个用户提供适当推荐的系统。包括相关数学的概述,并且使用 Python 的 implicit 库来构建解决方案。详细介绍了一种持续评估方法,以确保推荐者在部署后继续提供适当的推荐。

第 5 章展示了如何构建一个 CNN 来检测他人照片中的特定目标,例如产品和 logo。使用 Python 的 TensorFlow 库向读者展示了如何采用现有的预训练目标识别模型(例如 **Xception**),以及如何使用一个小的训练图像集对其进行优化以检测特定目标。然后,重用

第 3 章中的 Twitter 和 Reddit API 代码,以从社交媒体获取图像,并在这些图像上运行检测器以挑选出感兴趣的照片。包含了对 CNN 和深度学习的简短介绍。

第 6 章解释了如何在博客、在线商店或社交媒体平台上发现和跟踪趋势。使用统计模型和异常检测算法,使用 Python 的 `scikit-learn` 库开发代码。比较了机器学习中的不同方法以解决不同的用例。

第 7 章解释了如何使用 Python 的 Rasa 库和 Prolog 构建两个自定义聊天机器人,它们检查用户的问题并使用自然语言生成(NLG)构造适当的答案。Prolog 代码帮助我们开发能够回答复杂问题的逻辑推理代理。人工智能工作流的每个步骤都旨在帮助读者准备部署解决方案。

本书的最后部分,第 8 章,研究了过去几十年里人们对人工智能和机器学习的兴趣的各种高峰和低谷。有证据表明,人工智能在整个这段时间里一直在不断改进和发展,但是通常情况下,人工智能在幕后或被视为标准实践,因此并不令人感到兴奋。然而,只要人工智能解决方案的业务用例继续存在并且遵循人工智能工作流,那么炒作周期就不会影响有效解决方案的开发。本章以关于如何确定人工智能的新方法和进步以及如何确定这些进步是否与实际的业务需求相关的建议作为结尾。

本章总结

在本章中,我们看到了人工智能可以在更大的系统中发挥至关重要的作用,这种作用使新功能成为产品或服务的基础。然而,在实践中,与围绕诸如用户界面、处理混乱的输入和纠正错误输出以及在一个以上的软件团队中工作的所有固有问题上所花费的代码和时间相比,人工智能组件实际上很小。无论如何,人工智能组件通常也是智能软件系统中最复杂的部分,必须格外小心才能把它做好。我们引入了一个人工智能工作流,该工作流可确保构建和部署人工智能的好处有望超过初始开发以及持续监控和维护的成本。本章还介绍了构成本书主要内容的项目。

在下一章中,我们将利用一个人工智能云资源规划项目来遵循人工智能工作流,这将在其他几个项目中被证明是有用的。

2

规划云基础设施的蓝图

电子计算设备曾经如此稀少和昂贵,以至于很少有人见过这样的机器。精心制作的公开展示品,如 IBM 的选择性序列电子计算器性(The IBM Selective Sequence Electronic Calculator, Columbia University Computing History, http://www.columbia.edu/cu/computinghistory/ssec.html),于 1948 年放在 IBM 纽约总部一楼的玻璃后面,证明了受人尊敬的计算机技术的引入。通过人类历史上最杰出的技术进步,计算能力得到了提高,而硬件的尺寸和功耗也以同样惊人的数量级缩减 —— 如今,尺寸不到原来的十亿分之一的芯片,其计算能力却超过了最初的电子机械奇迹,同样,标称冰箱大小的机器,其速度和内存都是原来的数十亿倍。

最初,计算资源是从 IBM、UNIVAC 和 Honeywell 等大型公司租用的,但最终,企业购买并安装了本地的商用服务器,以节省成本。现在,具有讽刺意味的是,计算能力和网络连接是如此便宜,以至于企业再次发现从 Amazon、Google 和 Microsoft 这样的大公司那里租用更具成本效益。

但是没有企业愿意到处乱花钱。现在计算机再次被租用,每一分钟都很重要。云提供商允许按需创建和销毁(虚拟)机器。云提供商还提供了许多可用的配置,从廉价但速度较慢的机器到用于特定工作负载的专用高性能机器。随着硬件和软件的改进以及云提供商在创新和低利润市场中的竞争,云机器的价格和性能也在不断变化。预先购买固定数量的机器可以降低成本,但几乎不可能人工确定在一定预算内完成任务所需的机器数量和种类——也许人工智能可以帮助我们?

给定一些要完成的独立任务集合,我们如何确定需要哪些机器和多少台机器来在最短的时间及一定的资金预算内完成这些任务?答案是:使用约束求解器!

在本章中,我们将介绍:

- 云基础设施规划问题的特征
- 使用免费的开源约束求解器 OptaPlanner 解决问题的技术
- 部署脚本和评估规划器准确性的方法

问题、目标和业务用例

根据上一章开发的人工智能工作流,我们将首先确定云基础设施规划的问题、目标和业务用例。这将确保我们的努力不会白费,也就是说,我们正在将人工智能应用于一个有用的目的,并获得可衡量的回报。

云计算通常用于托管长期运行的服务,例如数据库、负载平衡和"突发"工作负载,如突然的 Web 流量。云提供商通常按月或按年计算成本。但是,云计算对于人工智能的一次性批处理也很有用。许多人工智能技术需要对大型数据集进行大量的预处理并需要长时间的训练。处理过程通常比突发工作负载要长,但是处理完成后不再需要虚拟机。在某些情况下,预处理和(或)训练可能在多台机器上并行完成。

当然,云提供商可以使用工具来帮助工程师计算各种配置的成本和运行时间。主要的云提供商,即 **Amazon Web Services**、**Microsoft Azure** 和 **Google Cloud Platform**,为了使各种机器配置的成本尽可能低而竞争。显然,作为一种竞争必需品,这些云提供商中的每一个都有多种可能的机器配置,相应的价格从 0.100 美元/小时(Amazon m4.large)到 3.060 美元/小时(Amazon c5.18xlarge)不等。对于云提供商而言,不同的配置大多只是对虚拟机的配置进行了调整——创建具有更多或更少的 CPU 内核和 RAM 的新虚拟机版本很容易。但是,对于工程师来说,为解决方案定价时,大量的选择无疑令人沮丧:我们如何才能知道我们正在使用最优(最便宜、最快)的配置来满足我们的数据处理需求呢?

"令人沮丧"是指 Google Cloud Platform 提供 26 种不同的机器类型,Microsoft Azure 提供 93 种,Amazon Web Services 提供 102 种。

它们各自的成本计算器并不比小学的手持计算器更复杂：只要用机器数量×小时×成本/小时即可得出总成本。图2-1显示了Amazon的成本计算器的一部分：

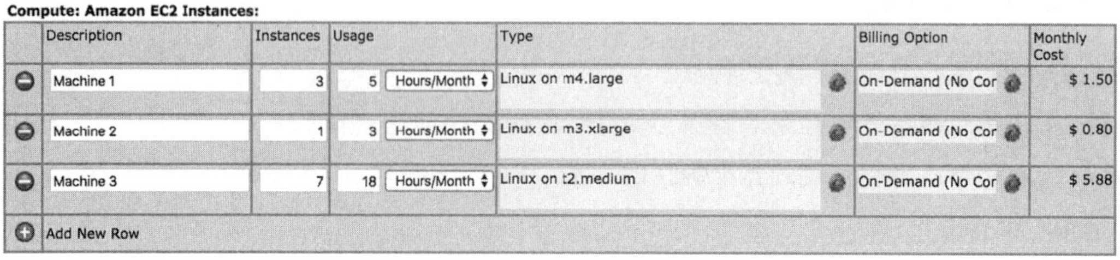

Compute: Amazon EC2 Instances:

Description	Instances	Usage		Type	Billing Option	Monthly Cost
Machine 1	3	5	Hours/Month ▼	Linux on m4.large	On-Demand (No Cor ◉	$ 1.50
Machine 2	1	3	Hours/Month ▼	Linux on m3.xlarge	On-Demand (No Cor ◉	$ 0.80
Machine 3	7	18	Hours/Month ▼	Linux on t2.medium	On-Demand (No Cor ◉	$ 5.88
⊕ Add New Row						

图 2-1　Amazon 的成本计算器的一部分

一个工程师的基本问题可以表述如下：我真正需要多少计算能力，而完成这项工作将花费多少？成本计算器仅能给出一半的答案：成本是多少？人工智能技术将帮助我们找到另一半答案：我真正需要多少计算能力？甚至更好，人工智能可以搜索最优（或接近最优）的成本和（或）时间来完成工作。

利用这样的规划引擎，工程师可以设置适当的云计算配置。这样做可以节省时间、金钱或两者都节省。这种技术有一个明确的业务用例。

我们的规划问题将集中在一个大型图像处理任务上。**全景巡天望远镜和快速反应系统（Panoramic Survey Telescope and Rapid Response system，Pan-STARRS**1）数据存档为公众提供了数千张由夏威夷大学天文学院拍摄的广角天文图像（http://panstarrs.stsci.edu/）。我们已经下载了超过 25 000 张图像，总计 868 GB，超过 2 万亿像素。我们的处理任务是检测每张图像中的圆（恒星），并记录它们在**赤经/赤纬（Right Ascension/Declination，RA/Dec）**坐标（天体的典型坐标）中的位置。

该任务耗时的部分是从 Amazon 的 S3 存储中下载图像（我们之前已经上传），并对图像中的圆圈进行扩大、腐蚀、阈值化和检测。此数据处理任务来自佛罗里达州德兰市斯泰森大学的"大数据挖掘和分析"课程。有关任务的详细信息在 *A course on big data analgtics*（*Eckroth，J.，Journal of Parallel and Distributed Computing，118(1)，2018*，https://www.sciencedirect.com/science/article/pii/S0743731518300972）一文的课程分配中进行了解释。在这篇文章中我们演示了，如果使用 GPU 优化的圆检测算法，则使用高端 GPU 可获得更快的结果，但是由于从 GPU 内存上传和下载图像的开销，仅在 GPU

上执行扩大、腐蚀和阈值化要比仅使用 CPU 花费更多的时间。一如既往,对小型示例进行基准测试对于预测大型工作的性能非常必要。

我们将使用 Amazon 的 **Elastic Compute Cloud**(**EC2**)实例类型 m4.large、m4.xlarge、c4.large、c4.xlarge 和 c4.2xlarge。我们的规划器将确定每种类型需要多少台机器以及每台机器应处理的图像子集。我们的图像处理程序是使用 OpenCV 3 库以 C++编写的。**GNU Parallel** 工具(*Tange,O.,GNU Parallel - The Command-Line Power Tool,login:The USENIX Magazin,pp. 42 -47,2011*)将并行运行该程序,将图像分成多个组并在虚拟机中运行与 CPU 内核相同数量的并行进程。我们的规划器将估算成本并生成一系列命令,我们可以使用这些命令来运行多机处理作业。这些命令使用 Amazon 的 **AWS Command Line Interface**(**AWS CLI**)工具创建相应的实例、启动处理任务和关闭实例。

为了向规划器提供足够的信息,以找到便宜而有效的机器配置并为每台机器分配一个或多个图像子集进行处理,我们需要了解每种机器类型的一些特征:

- 以美元/分钟为单位的云机器的成本
- 机器的启动时间(启动、安装几个软件包,上传图像处理程序)
- 使用 GNU Parallel 下载和处理一个图像子集所需的时间(每个图像子集包含 100 张图像)

启动机器和处理图像子集所需的时间必须通过实验来确定。这些测量值包含在源代码中,以下各节将详细介绍。

方法:约束求解器

可以使用**约束满足引擎**(也称为**约束求解器**)解决云基础设施规划问题。约束求解是一种搜索过程,它试图在遵守某些约束的同时最小化(或最大化)某些指标。有许多算法方法可以找到满足所有约束并同时最小化或最大化某些指标的解决方案。这些方法包括**分支定界、禁忌搜索、模拟退火和遗传算法**。值得注意的是,除非在相对简单的情况下,否则无法有效地找到最优解决方案(而不是接近最优的),其中“有效”是指数千秒而不是数千年。我们将开发一个云基础设施规划器来寻找一个好的解决方案,但这可能不是最优的。

为了使用约束求解器,我们需要了解以下有关我们的问题的信息:

- **约束**:有效和无效解决方案的特征(硬性约束)以及要优化的指标(软性约束)。
- **规划实体和规划变量**:为了构建解决方案而要进行更改的事物。在面向对象的设计中,规划实体是要更改的对象,而规划变量是这些对象中实际更改的字段。
- **规划解决方案**:一种将规划实体收集或安排到解决方案中的方法,可以根据硬性约束和软性约束进行评估。

约束求解器的抽象工作如下:

1. 首先创建一组规划实体实例,这些实例在规划变量中具有特定值。变量可以通过一些智能启发式来设置,也可随机设置。将这些规划实体收集到一个规划解决方案中。
2. 评估规划解决方案。如果它打破了任何硬性约束,应将其丢弃并重新开始。
3. 采取迄今为止找到的最佳规划解决方案(根据软性约束)并对其进行修改。在一个或多个规划实体中更改一个或多个规划变量以创建新的规划解决方案。
4. 评估该新解决方案。如果它打破了硬性约束,就丢弃它。
5. 重复步骤3,直到我们用尽时间或经过一定次数的尝试后无法找到更好的解决方案。

可以在 AITopics (https://aitopics. org/class/Technology/Information% 20Technology/Artificial% 20Intelligence/Representation% 20&% 20Reasoning / Constraint-Based% 20Reasoning)和流行的人工智能教科书 *Artificial Intelligence*: *A Modern Approach*, *Russel*, *S. and Norvig*, *P.*, *3rd Ed.*, *Pearson*, *2009*)中的第 4 章找到有关约束求解器的更多信息。

OptaPlanner

尽管有许多约束求解器软件包可供使用,但我们将在这个项目中使用 Red Hat 的 Opta-Planner (https://www.optaplanner.org/),原因是:它是免费和开源的;它支持各种具有硬性、软性甚至"中等"约束的规划问题;它支持多种搜索算法,并且得到积极的开发和维护。

OptaPlanner 在 **Java 虚拟机**上运行，并且正式支持用 Java、Kotlin 和 Scala 编码。这里我们将使用 Java。OptaPlanner 使用通用的面向对象设计模式和 Java 工具。它可以像我们在这里所做的那样独立运行，也可以部署在兼容 Java EE 的应用服务器中。OptaPlanner 还包括一个基于 Web 的 GUI，用于定义规划实体、变量和约束。简而言之，它"为企业做好了准备"。

值得注意的是，OptaPlanner 的文档（https://docs.optaplanner.org/7.6.0.Final/optaplanner-docs/html_single/index.html）包含了一个"云平衡"示例。该示例是 bin 打包的一个版本，其中有一组具有一定容量（CPU 和 RAM）的固定可用资源（云虚拟机），需要将一组任务分配给这些机器。问题是将任务分配给机器，以使机器不过载（不超过其 CPU 和/或 RAM），并且每个任务恰好分配给一台机器。

它们的目标是最大限度地减少分配任务的机器数量。我们的云基础设施规划问题则不同。在我们的例子中，机器不限于有限的资源；相反，它们具有性能特征和成本。这些成本不是固定的，而是机器使用时间的函数。此外，我们希望在确保成本不超过某个固定阈值的同时尽量减少时间和成本。我们的问题属于"车间作业调度"一类的问题。

现在我们来看看我们的实现。代码根据以下文件系统层次结构进行组织：

- src/main/java/pub/smartcode/simplecloudplanner

    ◦ Main.java

    ◦ CloudPlanner.java

    ◦ Machine.java

    ◦ Task.java

    ◦ Scorer.java

- resources/simpleCloudPlannerConfig.xml

我们将使用 **Maven** 来进行依赖管理。OptaPlanner 在 Maven 中可用：

```
< dependency>
  < groupId> org.optaplanner< /groupId>
  < artifactId> optaplanner- core< /artifactId>
  < version> 7.5.0.t018< /version>
```

```
</dependency>
```

从前面显示的文件系统层次结构中可以看出,我们的规划器仅需要几个类。对于简单的用例,OptaPlanner 需要以下类:

- Main 类,用于加载 OptaPlanner 特定的配置、创建规划实体、运行求解器以及保存或打印解决方案。
- 表示规划解决方案的类,即规划实体的集合。对于我们来说,这是 CloudPlanner 类。
- 代表每种不同类型的规划实体的类。此类至少应具有一个规划变量。对我们来说,这是 Task 类。Task 对象表示要在云中执行的处理任务。Task 类中的规划变量是任务将在其上运行的机器。
- 各种"问题事实"类(如果适用的话)。问题事实是可以分配给规划变量的东西。问题事实通常是物理资源,例如人、飞机或者在我们的例子中是云机器。我们的 Machine 类是一种问题事实。每个 Task 都将被分配给一个 Machine 对象,该对象在 Task 的规划变量中指定。
- 包含规划解决方案评分方法的类。该方法应返回一个硬性/软性分数(即约束)对象。我们的 Solver 类扮演这个角色。

每个类将依次详细说明。首先,我们将查看简单的配置文件 simpleCloudPlannerConfig.xml,OptaPlanner 使用它来查找前面提到的各种必需的类:

```
<?xml version= "1.0" encoding= "UTF- 8"? >
<solver>
 <scanAnnotatedClasses>
  <packageInclude>
   pub.smartcode.simplecloudplanner
  </packageInclude>
 </scanAnnotatedClasses>
 <scoreDirectorFactory>
  <easyScoreCalculatorClass>
   pub.smartcode.simplecloudplanner.Scorer
  </easyScoreCalculatorClass>
 </scoreDirectorFactory>
 <termination>
  <secondsSpentLimit> 10</secondsSpentLimit>
 </termination>
```

```
</solver
```

此配置告诉 OptaPlanner 在 pub.smartcode.simplecloudplanner 包下的源文件中找到规划实体、规划变量和问题事实。我们将使用源注释来指示这些特定属性。此外,配置引用包含评分方法的类(pub.smartcode.simplecloudplanner.Scorer)。最后,我们设定了规划的时限(10 秒),因为实验表明,好的解决方案通常很快就能找到,等待更长时间并不会产生更好的解决方案。

下一步,我们将检查问题事实和规划实体类,分别是 Machine 和 Task。这些是最直接的类,因为它们表示简单的具体概念。

以下是 Machine.java 的字段(未显示的部分是显而易见的获取器(getter)、设置器(setter)和构造器(constructor)):

```java
public class Machine {
    private double cost;   // 以美元/秒为单位
    private double startupTime;   // 以分钟为单位
    private String configuration;   // 机器类型,例如 c4.large
    private int id;
```

对于我们希望使用的每种不同类型的云机器,我们都会有一个 Machine 对象。正如我们很快将看到的,Main 类将创建足够数量的 Machine 对象来满足我们的规划需求。并非所有的 Machine 对象都会被使用(并非所有的对象都会被分配任务)。

规划实体(我们称之为 Task)有几个有趣的字段。我们需要知道在不同类型的计算机上完成一项任务需要多长时间(字段 Map < String, Double> machineTimings)。我们还需要知道任务已分配给哪个机 Machine 对象(字段 Machine machine)。除了显而易见的获取器、设置器和构造器之外,我们的 Task.java 文件还必须包含一些注释,这些注释告知 OptaPlanner Task 是规划实体,而字段 machine 是规划变量。我们注释 getMachine() 方法以指示规划变量。注释中还会指出可以选择和分配给规划变量的问题事实。注释说明问题事实来自 machineRange,它在我们的规划解决方案类 CloudPlanner 中定义:

```java
@PlanningEntity
public class Task {
    private String taskType;
```

```
    private int id;
    private Map<String, Double> machineTimings;
    private Machine machine;
    @PlanningVariable(valueRangeProviderRefs = {"machineRange"})
    public Machine getMachine() {
        return machine;
    }
}
```

现在,我们来看看规划解决方案类 CloudPlanner。注释表明它是一个规划解决方案,而字段 taskList 保存该解决方案(机器-任务分配)。此字段的获取器被注释为规划实体的提供者。machineList 字段保存在 Main 类中创建的所有可用机器,并被注释为问题事实的来源(由前面显示的 Task 类使用)。最后,规划解决方案保留其代表的解决方案的分数。每个解决方案都使用 HardSoftScore 评估器进行评估,详细内容见下面的代码块:

```
@PlanningSolution
public class CloudPlanner {
    private List<Machine> machineList;
    private List<Task> taskList;
    private HardSoftScore score;

    @ValueRangeProvider(id = "machineRange")
    @ProblemFactCollectionProperty
    public List<Machine> getMachineList() {
        return machineList;
    }
    @PlanningEntityCollectionProperty
    public List<Task> getTaskList() {
        return taskList;
    }
    @PlanningScore
    public HardSoftScore getScore() {
        return score;
    }
}
```

接下来,我们定义评分函数。OptaPlanner 支持多种定义分数从而定义约束的技术。我们使用"硬性-软性"分数来区分硬性分数或约束(在我们的例子中是对预算的严格限制,即 2 美元)和软性分数(在我们的例子中是衡量规划成本和效率的计算)。硬性-软性分数表示为一对整数。OptaPlanner 力求使两个分数都最大化。硬性分数总是优先于软性分数:如果 OptaPlanner 可以找到一个增加硬性分数的新规划,那么即使软性分数下降,它也会保留该规划。如果我们希望最小化一个值(例如成本或时间),我们可以使用一个负数,这样 OptaPlanner 对最大化结果的首选实际上就是最小化该值(接近于 0)。

可以通过以下方式指定硬性约束:如果不满足约束,则将硬性分数设置为低于 0;如果满足约束,则将硬性分数设置为 0。这样,如果可能的话,OptaPlanner 会倾向于将硬性分数更改为 0;否则,如果已经为 0,它将专注于最大化软性分数。

我们的软性分数有些复杂。考虑到由于每台虚拟机都是独立的,这些机器将并行运行其处理作业,因此我们希望最大限度地减少总运行时间,同时最大限度地减少虚拟机的总数(Amazon 对一次可以激活的机器数量有限制),并将总成本降至最低。为了实现这三部分的最小化,我们将建立期望值(例如,60 分钟的处理时间、10 台机器和 1.50 美元的成本),然后计算规划的实际值与期望值之间的比率。这样,由于比率是无单位的,我们可以将具有不同单位(分钟,机器计数,美元)的指标合并为一个统一的指标。我们将找到最大比率,即最差比率(随着时间的推移,超过机器数量,超过成本),并返回该比率的负值作为软性分数。当 OptaPlanner 寻求最大化软性分数时,实际上它将最小化任何与期望值相距最远的度量值:处理时间、机器数量或成本。

最后,由于硬性分数和软性分数必须是整数,因此有时我们先将度量值乘以 1 000 或 10 000,然后转换为整数。这样可以确保我们在从原始浮点度量值到整数转换中具有足够高的精度。

根据前面对硬性-软性分数的解释,Scorer 类有一个简单的实现:

```java
public class Scorer implements EasyScoreCalculator< CloudPlanner> {
  public HardSoftScore calculateScore(CloudPlanner cloudPlanner) {
    // 累计关于在每台机器上运行的任务的数据
    Map<Machine, List<Task>> machineTasks = new HashMap<Machine,
List<Task>>();
    // 检查每个任务
    for(Task task : cloudPlanner.getTaskList()) {
      if(task.getMachine() != null) {
        if (!machineTasks.containsKey(task.getMachine())) {
          machineTasks.put(task.getMachine(), new
LinkedList<Task>());
        }
        machineTasks.get(task.getMachine()).add(task);
```

```
      }
    }
    // 现在计算每台机器将运行多长时间
    Map<Machine, Double> machineRuntimes = new HashMap<Machine,Double>();
    // 检查每台机器
    for(Machine machine : machineTasks.keySet()) {
      double time = machine.getStartupTime();
      for(Task task : machineTasks.get(machine)) {
        time += task.getMachineTiming(machine.getConfiguration());
      }
      machineRuntimes.put(machine, time);
    }

    // 计算最大机器时间(所有机器并行运行)
    // 并计算总成本
    double maxRuntime = 0.0;
    double totalCost = 0.0;
    for(Machine machine : machineRuntimes.keySet()) {
      if(machineRuntimes.get(machine) > maxRuntime) {
        maxRuntime = machineRuntimes.get(machine);
      }
      totalCost += machineRuntimes.get(machine) * machine.getCost();
    }

    // 将双精度值舍入为整数以用于评分

    // 硬性分数:不要超过 2 美元
    // 乘以 1000 以获得更高的精度
    int hardScore = 0;
    if(totalCost > 2.0) {
      hardScore = (int)(- totalCost * 1000);
    }

    // 软性分数:最好在 60 分钟以内完成
    // 并且最好使用不超过 10 台机器
    // 并且最好花费 1.5 美元或更少
    // 乘以 10000 以获得更高的精度
    Double[] ratios = {1.0, maxRuntime/60.0,
machineRuntimes.keySet().size()/10.0, totalCost/1.50};
    double maxRatio = Collections.max(Arrays.asList(ratios));
    // maxRatio 中的值最好较低, 所以最大化 1.0-maxRatio
    int softScore = (int)(10000 * (1.0 - maxRatio));

    return HardSoftScore.valueOf(hardScore, softScore);
  }
}
```

最后,我们有 Main 类,它设置 Machine 对象的性能和价格特征,还有 Task 对象,它给出要处理的图像子集(由 imageid 表示,范围从 1 322 至 1 599)以及在每种类型的机器上处理图像子集的时间。然后执行 OptaPlanner 求解器,并打印结果规划:

```
public class Main {
  public static void main(String[] args) {

    List< Machine> machineList = new ArrayList< Machine> ();

    // AWS EC2 定价: https://aws.amazon.com/ec2/pricing
    // (这里采用按需定价, 时间单位为分钟)
    // 每个创建 20 个对象 (不一定要使用所有对象)
    // 不能创建超过 AWS 限制允许的
    int machineid = 0;
    for(int i = 0; i < 20; i++ ) {
      // 启动时间: 218.07 秒
      machineList.add(new Machine(0.100/60.0, 3.6, "m4.large", machineid));
      machineid++ ;
      // 启动时间: 155.20 秒
      machineList.add(new Machine(0.200/60.0, 2.6, "m4.xlarge", machineid));
      machineid++ ;
      // 启动时间: 135.15 秒
      machineList.add(new Machine(0.100/60.0, 2.3, "c4.large", machineid));
      machineid++ ;
      // 启动时间: 134.28 秒
      machineList.add(new Machine(0.199/60.0, 2.3, "c4.xlarge", machineid));
      machineid++ ;
      // 启动时间: 189.66 秒
      machineList.add(new Machine(0.398/60.0, 3.2, "c4.2xlarge", machineid));
      machineid++ ;
    }

    // 生成任务; 在我们的例子中是图像 ID
    int taskid = 1;
    ArrayList<Task> tasks = new ArrayList<Task> ();
    for(int imageid = 1322; imageid <= 1599; imageid++ ) {
    Task t = new Task(String.valueOf(imageid), taskid, null);

    // 基准:在每台机器上完成一个任务的时间
    // (时间单位为分钟)

    // 三次运行: 2:42.80 2:36.34 2:37.15
    t.setMachineTiming("m4.large", 2.65);

    // 三次运行: 1:43.98 1:32.22 1:31.21
```

```
    t.setMachineTiming("m4.xlarge", 1.60);

    // 三次运行: 2:21.64 2:41.51 2:35.87
    t.setMachineTiming("c4.large", 2.55);

    // 三次运行: 1:37.34 1:25.28 1:27.68
    t.setMachineTiming("c4.xlarge", 1.50);

    // 三次运行: 1:12.32 1:02.30 1:01.89
    t.setMachineTiming("c4.2xlarge", 1.09);

    tasks.add(t);
    taskid++ ;
}

SolverFactory< CloudPlanner> solverFactory =
SolverFactory.createFromXmlResource("simpleCloudPlannerConfig.xml");
    Solver< CloudPlanner> solver = solverFactory.buildSolver();

CloudPlanner unsolvedCloudPlanner = new CloudPlanner();
unsolvedCloudPlanner.setMachineList(machineList);
unsolvedCloudPlanner.setTaskList(tasks);

CloudPlanner solvedCloudPlanner = solver.solve(unsolvedCloudPlanner);

System.out.println("Best plan:");
for(Task task : solvedCloudPlanner.getTaskList()) {
    System.out.println(task + " - " + task.getMachine());
}
System.out.println("---");
double totalCost = 0.0;
double maxTime = 0.0;

Map< Machine, List<Task>> machineTasks = new HashMap< Machine,
List<Task> > ();
// 检查每个任务
for(Task task : solvedCloudPlanner.getTaskList()) {
    if(task.getMachine() != null) {
        if (! machineTasks.containsKey(task.getMachine())){
            machineTasks.put(task.getMachine(), new LinkedList< Task> ());
        }
        machineTasks.get(task.getMachine()).add(task);
    }
}
// 检查每台机器
for(Machine machine : machineTasks.keySet()) {
    double time = machine.getStartupTime();
    for(Task task : machineTasks.get(machine)) {
```

```
        time += task.getMachineTiming(machine.getConfiguration());
    }
    double cost = time * machine.getCost();
     System.out.format("Machine time for %s: " + "%.2f min (cost: $%.4f),
 tasks: %d\n", machine, time, cost, machineTasks.get(machine).size());
    totalCost += cost;
    // 节省最长时间运行机器的时间
    if(time > maxTime) { maxTime = time; }
  }
  System.out.println("---");
  System.out.println("Machine count: " + machineTasks.keySet().size());
  System.out.format("Total cost: $%.2f\n", totalCost);
  System.out.format("Total time (run in parallel): %.2f\n", maxTime);
  }
}
```

在命令行上使用 Maven 构建代码:mvn package。然后运行代码,如下所示:

```
java -jar target/SimpleCloudPlanner-1.0-SNAPSHOT-launcher.jar
```

可以在 10 秒内找到最终的规划(这是由于我们在 simpleCloudPlannerConfig.xml 中
指定了运行时的严格截止点)。该规划找到了一种使用 10 台不同类型的机器来完成所有
任务的方法,为速度较快的机器提供比速度较慢的机器更多的图像子集,并在大约 59.25
分钟内完成任务,成本为 1.50 美元。

图 2-2 显示了在 10 秒的规划时间内软性分数的变化。每一个变化都是由于规划器在规划
中尝试了各种变化。在 10 秒的截止点,将选择得分最高的规划。因此,该图表明我们可能
会在大约 4.5 秒后就停止规划器,并可得出一个同样好(或相同)的最终规划。图 2-2 是通
过分析规划器产生的日志记录输出而生成的。

最终规划中具体的机器类型和任务数如下。请注意,机器的启动时间被计入机器的总时间
和成本中。由于空间有限,未显示每台机器的具体图像处理任务分配:

1. c4.large:50.75 分钟(成本:0.084 6 美元),任务:19

2. c4.large:55.85 分钟(成本:0.093 1 美元),任务:21

3. c4.large:58.40 分钟(成本:0.097 3 美元),任务:22

4. c4.xlarge:54.80 分钟(成本: 0.181 8 美元),任务:35

5. c4.xlarge:56.30 分钟(成本: 0.186 7 美元),任务:36

6. c4.2xlarge:43.53 分钟（成本：0.288 7 美元），任务：37

7. m4.large:56.60 分钟（成本：0.094 3 美元），任务：20

8. m4.large:59.25 分钟（成本：0.098 7 美元），任务：21

9. m4.xlarge:53.80 分钟（成本：0.179 3 美元），任务：32

10. m4.xlarge:58.60 分钟（成本：0.195 3 美元），任务：35

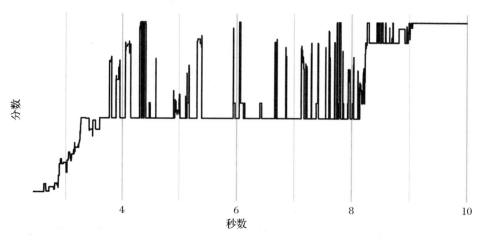

图 2-2　在规划器搜索期间软性分数的变化

部署策略

实际上，只要任务是独立的，云基础设施规划器就可以用来规划几乎任何云处理任务。我们没有包含任何代码来检查任务的相互依赖性，例如任务 A 必须在任务 B 之前完成。对于独立任务，规划器可以跟踪每个任务在每种类型的云机器上所花费的时间，并在给定时间、成本约束和偏好的情况下找到接近最优的规划。对于预期有持续云计算需求的组织，可以将规划器部署为可以随时咨询的服务。

如上所述，OptaPlanner 解决方案可以部署在 Java 企业环境中，例如 **WildFly**（以前称为 **JBoss**）。可以构建一个简单的 Web 前端，使工程师可以指定各种类型的虚拟机、处理任务以及基准测试，以了解每个处理任务在每种机器上花费多长时间。

大多数规划将涉及几台云机器。在上面的示例中找到的规划涉及 10 台机器，每台被分配了 19 到 37 个任务。当然，没有人希望手动创建和管理这些云机器。它应尽可能地实现自动化和脚本化。根据规划器的部署环境，可以以多种形式实现自动化。该脚本可以采用 XML 命令的形式，由另一个工具解释并在云环境中执行。在我们的例子中，我们将构建 Linux shell 脚本用于创建云机器并运行任务。

无论采用哪种形式的自动化，在执行脚本之前都要确保"有人类参与其中"(human in the loop)对脚本进行评估。相信约束求解器总是选择一个合理的规划(例如，使用 10 台机器大约 1 小时)，而从不会意外地制定一个有问题的规划(例如，使用 3 600 台机器 10 秒钟)是不明智的。约束求解器将尝试针对硬性约束和软性约束指定的内容进行优化。对这些约束进行编码时出现的小错误可能会产生意想不到的后果。

对于 Linux shell 脚本方法，我们使用 Amazon 的 AWS CLI。首先，它必须配置有一个与我们的 AWS 账户关联的访问密钥：

```
$ aws configure
AWS Access Key ID [********************]:
AWS Secret Access Key [********************]:
Default region name [us-east-1]:
Default output format [None]: text
```

我们选择将数据输出为文本，以便可以在其他 shell 命令中使用输出。我们也可以输出 JSON，但是随后我们需要一个命令行工具(如 **jq**)来处理 JSON。

现在 AWS 已经配置好了，我们可以使用它来创建云机器：

```
$ aws ec2 run-instances --image-id ami-3179bd4c --count 1 \
> --instance-type m4.large --key-name SmartCode
> --associate-public-ip-address --subnet-id subnet-xxxxxx \
> --security-group-ids sg-xxxxxx \
> --tag-specifications "ResourceType=instance,Tags=
[{Key=MachineId,Value=100}]"
```

此命令创建一个 m4.large 实例。在此之前，我们创建了一个安装了 Ubuntu 和 OpenCV 3 的自定义 Linux 磁盘映像，在 --image-id 参数中指定。我们还使用"加标签"功能将 MachineId 标签与值 100 关联起来，以便稍后可以使用此标签检索有关此实例的信息。我们的自动化脚本会给每个实例一个不同的机器 ID,以便我们区分它们。实际上,前述的 Machine 类有一个专门用于此目的的字段。例如,以下命令使用 MachineId 标签来获取特定机器的 IP 地址:

```
$ aws ec2 describe-instances --query \

> Reservations[].Instances[].NetworkInterfaces[]
.Association.PublicIp \

> --filters Name=tag:MachineId,Values=100
```

一旦云机器启动,为了完成我们的数据处理任务,我们需要通过几个步骤对其进行完全配置:

- 创建 .aws 目录(由 AWS 命令行工具使用)
- 从主机复制 AWS CLI 凭证和配置
- 安装 AWS CLI 和 GNU Parallel
- 复制 C++ 代码并进行编译
- 复制 run.sh 脚本

前面描述的机器启动时间用于衡量启动机器并获得 SSH 访问的时间以及完成这 5 个步骤的时间。run.sh 脚本是我们的数据处理任务所独有的。它首先从 S3 下载图像,然后使用 GNU Parallel 在刚刚下载的图像子集上运行 C++ 程序,再继续到下一个子集,依此类推。

使用规划器分配给每台机器的各种任务(图像子集 ID)来调用每台机器的 setup-and-run.sh 脚本。例如,对具有 19 个任务的 1 号机器的调用如下:

```
$ bash ./setup-and-run.sh c4.large 1 \

> 1337 1345 1350 1358 1366 1372 1375 1380 1385 1429 \

> 1433 1463 1467 1536 1552 1561 1582 1585 1589&
```

该脚本创建具有特定 ID(在本例中 ID 为 1)的机器,然后使用规划器提供的图像子集 ID(1337、1345 等)在机器上调用 run.sh。

总之,各种脚本使我们能够获取规划器的输出,并直接在终端中执行这些命令以启动云机器、完成处理任务并关闭计算机。

云基础设施规划器的部署策略可能会根据组织的需求而有所不同,但是在任何情况下,都必须有某种类型的自动化来实际执行规划。

持续评估

云计算基础设施提供商在成本、性能和功能上展开竞争。他们的产品越来越便宜,启动速度越来越快,在 CPU、磁盘或网络密集型工作负载下效率越来越高,并支持更多独特的硬件,例如 GPU。由于这些不可避免的变化和市场动态,随着时间的推移不断评估规划器的准确性非常重要。

规划器的准确性取决于几个因素。首先,支持的各种机器实例类型(例如,m4.large、c4.large 等)可能会随时间变化,每小时费用可能会发生变化,并且性能特征也可能会改变:这些机器的启动速度可能更快,或者它们处理相同任务的效率可能更高或更低。在我们的示例规划应用程序中,所有这些数字都直接编码在 Main 类中,但是为了便于更新,可以使用传统的数据库来存储这些信息。

生产环境中的持续评估应包括主动的基准测试:对于在某种类型的云机器上完成的每个任务,都应在数据库中记录该任务和计算机的完成时间。借助此信息,规划器的每次运行都可以重新计算在各种云机器实例类型上完成任务的平均时间,以实现更准确的估计。

我们尚未询问有关规划器的一个关键问题:它完全准确吗?规划器估计图像处理工作将需要 59.25 分钟才能完成,包括启动和配置云机器所需的时间。换句话说,它预测从执行各种 setup-and-run.sh 脚本(对于 10 台规划的机器都是并行执行的)到完成工作并终止所有机器的时间为 59.25 分钟。实际上,整个过程所需的时间为 58.64 分钟,误差约为 1%。

有趣的是,对云服务提供商的产品的一点点天真可能会造成严重的后果。AWS 上的 t2.* 实例类型 (https://docs.aws.amazon.com/AWSEC2/latest/UserGuide/t2- instances.html) 以及 Microsoft 的 Azure 上的 B 系列机器 (https://techcrunch.com/2017/09/11/azure-gets-bursty/) 都是为突发性性能设计的。如果我们对 100

张图像的单个子集运行图像处理任务的基准测试,我们将看到一定的(高)性能。但是,如果我们随后给这些机器中的一台提供一长串图像处理任务,最终这台机器会变慢。这些类型的机器比较便宜,因为它们仅在短时间内提供高性能。快速基准测试无法检测到此问题,只有在长时间的处理任务进行一段时间后才能检测到。或者,可以尝试在进行任何操作之前先阅读所有文档:

> *T2 实例旨在提供基准水平的 CPU 性能,并能够在工作负载需要时爆发到更高水平。*
>
> (https://docs.aws.amazon.com/AWSEC2/latest/UserGuide/t2-instance.html)

当一项预计需要约一个小时的工作拖延了两三个小时甚至更长时间后,人们就开始怀疑出了什么问题。图 2-3 显示了 t2.* 实例上的 CPU 利用率图。从图中可以明显看出,要么是图像处理代码有严重错误,要么是云服务提供商强制要求在大约 30 分钟的处理后,CPU 利用率不超过 10%。

这些细微之处需要预先作出一些警告,并证明持续评估和仔细监控的重要性。

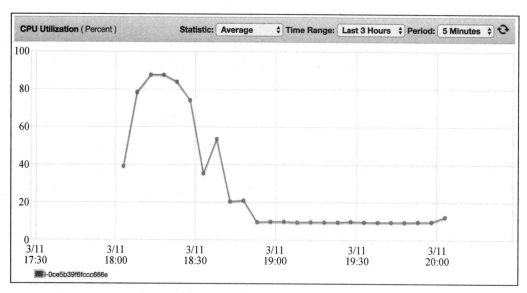

图 2-3　Amazon 的 t2.* 实例类型的突发性性能。在任何时候,CPU 的利用率都应该是 100%。其他实例类型(例如 m4.* 和 c4.*)按预期执行,即非突发

本章总结

本章介绍了云基础设施规划器的设计、实现、部署和评估。使用 OptaPlanner 的约束求解技术,我们开发了一种工具,能够为大型数据处理任务规划云机器配置和任务分配。我们表明,需要一些初步的基准测试来告知规划器在每种不同类型的云机器上每项处理任务需要花费多长时间。我们还展示了如何制定满足特定资金或时间限制的规划。规划器生成一个脚本,其中包含自动创建和配置云机器并启动处理作业的命令。规划器预测完成整个工作所需的时间,而我们的评估表明,其预测在实践中是高度准确的。

最后,我们讨论了在企业环境中部署规划器的可能方法,以及在部署规划器后持续评估其准确性的技术。

3

有效利用反馈的蓝图

无论在商界还是其他方面,智能取决于从反馈中获取和学习。例如,在部署一项新服务后,企业可以通过分析来自用户和营销活动接受者的反馈来了解该服务为何能或不能产生收益。人们还可以发现诸如自动驾驶汽车(self-driving cars)之类的想法的整体情绪,以便计划与一个新的或新兴市场进行接触。但是没有人有时间去查找、阅读和总结数百万条的评论、推文、文章、电子邮件等。如果大规模进行,则需要智能自动化。

理解反馈的第一步是获取反馈。与前几代人依赖通过邮件发送的纸质调查或通过电话进行的随机调查不同,今天的组织可以利用社交媒体来了解人们对他们的产品和服务的看法。Twitter 和 Reddit 等开放式社交媒体平台带来了一种全新的社交互动模式。有了这些平台,人们愿意公开记录他们对各种各样事情的想法和感受。过去仅在朋友和知己的小型聚会上进行的对话现在被广播给全世界。

这些平台上每天都有大量的文本被编写和发布,因此需要一些数据挖掘技术来提取与特定组织相关的评论。例如,通用搜索词 artifical intclligence(人工智能)和话题标签 # artificialintelligence 在 Twitter 上每小时产生约 400 条消息。CampaignLive (https://www.campaignlive.co.uk/article/ten – twitterfacts – social – media – giants – 10th – birthday/1388131) 显示,较大的活动(例如 2014 年世界杯决赛)可以以非常高的速率(每秒 10 312 条)产生推文。通过企业账户,Twitter 可以随机访问 10% 的推文,这被称为 Decahose (https://developer.twitter.com/en/docs/tweets/ sample – realtime/overview/decahose),它每天提供约 5 千万至 1 亿条推文。

同样,截至 2015 年,Reddit 每天收到约 200 万条评论(`https://www.quora.com/How-many-comments-are-made-on-reddit-each-day`)。当然,并不是每个人都在 Twitter 或 Reddit 上表达自己的想法和情感。但这两个网站的内容太丰富了,无法忽视它们在网络上的受欢迎程度。

在本章中,我们将开发检查从 Twitter 和 Reddit API 获得的推文和评论的代码。我们还将包括从 News API(`https://newsapi.org/`)获得的新闻文章,该服务可抓取 30 000 种出版物并在指定的时间范围内报告包含指定关键字的文章。由于除了最大的组织(和政府)之外,几乎所有人通常无法获得这些庞大的随机想法、观点和新闻文章,因此我们将需要搜索和过滤这些流,以查找特定的推文、评论和感兴趣的文章。这些 API 均支持搜索查询和过滤器。在我们的演示中,我们将使用与"self-driving cars"(自动驾驶汽车)和"autonomous vehicles"(自主车辆)相关的搜索词来了解人们对这种新人工智能技术的情感。

获得反馈只是"战斗"的三分之一。接下来,我们需要分析反馈以发现某些特征。在本章中,我们将重点评估反馈的情感,即反馈是正面的、负面的还是中立的。理解反馈的最后三分之一的工作是对情感进行汇总和可视化。我们将制作一个实时图表,以实时显示与我们的搜索词相关的情绪。

在本章中,我们将介绍:

- 自然语言处理(NLP)和情感分析的背景知识
- Twitter、Reddit、News API 以及用于访问这些 API 的开源 Java 库
- 用于自然语言处理的 CoreNLP 库
- 一种部署策略,包括持续关注 Twitter 和 Reddit 并通过实时图表显示情感分析结果
- 持续评估人工智能代码准确性的技术

问题、目标和业务用例

根据第 1 章中开发的人工智能工作流,构建和部署人工智能项目的第一步是确定人工智能将解决的问题。这个问题应与业务有关,并具有明确的目标。同样,这个问题也应该可以通过现

有人工智能技术解决,从而确保团队不会从事可能永远不会产生结果的不确定的研究工作。

在大多数组织中,用户反馈是有关产品或服务成功与否的宝贵信息来源。除了一些罕见的、可能是杜撰的案例,例如苹果公司的史蒂夫·乔布斯(Steve Jobs),据说他从未参与过市场研究或焦点小组("人们并不知道自己想要什么,直到你展示给他们看",https://www.forbes.com/sites/chunkamui/2011/10/17/fivedangerous - lessons - to - learn - from - steve - jobs/# 1748a3763a95),用户反馈可以帮助改进或修复设计。抽样调查民众对一般想法或新兴产业(如自动驾驶汽车)的看法,也可以是了解公众普遍情绪的宝贵信息来源。

我们对反馈进行分析的目的是找到人们对我们的搜索词的平均情感。情感的范围可能从非常负面到非常正面。我们还想知道包含搜索词的评论和文章有多少,以获得兴趣量的概念并衡量信息的强度(少量负面声音与大量负面声音非常不同)。最后,我们想在实时仪表板上查看这些数据,以快速了解一段时间内的情感。仪表板将只是决策者的信息来源之一,由于是情感分析,我们不打算使任何程序自动化。因此,该算法是受约束的,如果人工智能有 bug 并且情感分析不正确,则很可能不会导致灾难性故障。

情感分析是人工智能,尤其是自然语言处理的一个成熟且经过验证的分支。正如我们将在下一节中看到的那样,使用库通过几个函数调用就可以对给定的文本执行情感分析——所有困难的工作都隐藏在一个简单的 API 后面。

方法:情感分析

情感分析是通过将单个词语标记为正面或负面以及其他可能的情感(例如,快乐、担心等)来实现的。整个句子或短语的情感由汇总各个单词的情感的过程确定。考虑一下这句话:*这部电影我一分钟都不喜欢(I didn't like a single minute of this film)*。一个简单的情感分析系统可能会将 *like* 一词标记为正面的,将其他词标记为中立的,从而产生一个总体正面的情感。更高级的系统分析句子的"依赖树",以识别哪些单词是其他单词的修饰词。在这个例子中,*didn't* 是 *like* 的修饰词,因此 like 的情感由于该修饰词而被反转。同样,诸如 *它绝对不乏味(It's definitely not dull)* 之类的短语表现出相似的性质,并且……不仅好,而且令人惊叹(...not only good but amazing)进一步体现出英语语言的细微差别。

显然,一本简单的正面词汇和负面词汇词典不足以进行准确的情感分析。修饰语的存在可以改变单词的极性。Wilson 等人在情感分析上的工作(*Recognizing contextual polarity in phrase-level sentiment analysis*,*Wilson Theresa*,*Janyce Wiebe*,*and Paul Hoffmann*,*published in Proceedings of the conference on human language technology and empirical methods in natural language processing*,*pp.347 −354,2005*)是依赖树方法的基础。它们以一个有 8 000 个单词的词典(即一个集合)开始,这些单词充当"主观性线索",并带有极性(正面或负面)标记。

仅使用这本词典,他们在识别大约 3 700 个短语的情感时就达到了 48% 的准确率。为了对此进行改进,他们采用了两步法。首先,他们使用一个统计模型来确定一个主观性线索是在中性还是极性语境中使用。在中性语境中使用时,可以忽略该词,因为它不会影响整体情感。用于确定某个单词是在中性还是极性语境中使用的统计模型使用了 28 个特征,包括邻近的单词、二元特征(例如,这个词是否在前面出现)以及词性信息(例如,这个词是否为名词、动词、形容词等)。

接下来,将具有极性的单词(即那些尚未被中性/极性上下文标识符过滤掉的单词)输入另一个确定其极性的统计模型:正面、负面、两者都有或中性。极性分类使用 10 个特征,包括单词本身及其在词典中的极性,单词是否被否定,以及邻近是否存在某些修饰词,如 *little*、*lack* 和 *abate*。这些修饰词本身具有极性:中立、负面和正面。他们的最终程序检测情感的准确率达到 65.7%。他们的方法在开源的 OpinionFinder(http://mpqa.cs.pitt.edu/opinionfinder/opinionfinder_2/)中实现。

在斯坦福大学的开源 CoreNLP 项目(https://stanfordnlp.github.io/CoreNLP/)中可以找到一种更现代的方法。CoreNLP 支持广泛的自然语言处理,例如句子检测、单词检测、词性标记、命名实体识别(查找人名、地点、日期等)以及情感分析。一些自然语言处理特性(例如情感分析)依赖于句子检测、单词检测和词性标记等预处理。

如下文所述,显示了句子的主语、宾语、动词、形容词和介词的句子依赖树对于情感分析至关重要。CoreNLP 的情感分析技术在检测句子的正面/负面情感方面达到了 85.4% 的准确率。他们的技术是最先进的,经过了专门设计,可以更好地处理句子中不同位置的否定,这是前面描述的较简单的情感分析技术的局限性。

CoreNLP 的情感分析使用一种被称为**递归神经张量网络(Recurise Neural Tensor Network，RNTN)**的技术(*Recursice deep models for semantic compositionality over a sentiment treebank，Richard Socher，Alex Perelygin，Jean Y. Wu，Jason Chuang，Christopher D. Manning，Andrew Y. Ng，and Christopher Potts，published in Proceedings of the 2013 Conference on Empirical Methods in Natural Language Processing，pp. 1631 - 1642,2013*)。下面介绍其基本流程。首先,将一个句子或短语解析为二叉树,如图 3 - 1 所示。每个节点都被标记其词性:NP(名词短语)、VP(动词短语)、NN(名词)、JJ(形容词)等。每个叶节点,即每个单词节点,都有一个对应的**单词向量**。单词向量是由大约 30 个数字组成的数组(实际大小取决于实验确定的参数)。每个单词的单词向量的值是在训练期间学习到的,每个单词的情感也是如此。仅拥有单词向量是不够的,因为我们已经看到,通过独立于上下文的单词来准确地确定情感是不可能的。

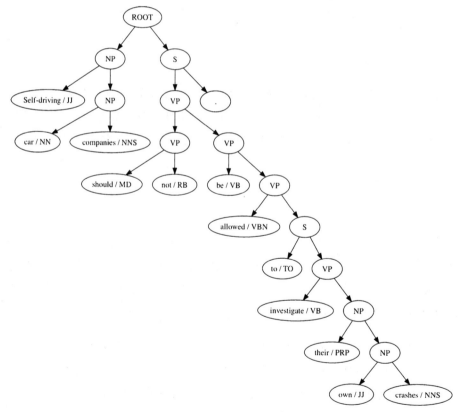

图 3 - 1 "**Self-driving car companies should not be allowed to investigate their own crashes**"这句话的 **CoreNLP** 依赖树分析

RNTN 流程的下一步是通过基于每个节点的子节点计算一个向量来折叠树,一次折叠一个节点。图 3-1 的右下角节点,即拥有子节点 *own* 和 *crashes* 的 NP 节点,其向量的大小与单词向量的大小相同,但它是基于这些子单词向量进行计算的。该计算将每个子单词向量相乘并对结果求和。确切的乘数是在训练过程中会学习到的。与先前类似的树折叠技术不同,RNTN 方法对所有节点使用一个组合函数。

最终,使用具有已知情感的数千个例句来同时学习组合函数和单词向量。

图 3-1 中的依赖树具有 12 个叶节点和 12 个组合节点。每个叶节点都有一个在训练中学习到的关联的单词向量。每个叶节点的情感也是在训练过程中学习到的。例如 *crashes* 一词具有中立情感的置信度为 0.631,而 *not* 一词具有负面情感的置信度为 0.974。*allowed* 的父节点和短语 *to investigate their own crashes* 具有负面情感的置信度为 0.614,即使其后代单词或组合节点中除了中立情感外没有其他情感。这表明 RNTN 学会了一个复杂的组合函数,该函数对子节点的单词向量进行运算,而不仅仅是一个简单的规则,例如:如果两个子节点都是中立的,则该节点是中立的;或者如果一个子节点是中立的,但是另一个是正面的,则此节点为正面的……

以下代码块所示的 CoreNLP 的输出中显示了树中每个节点的情感值和置信度。请注意,情感值已编码:

- 0 = 非常负面
- 1 = 负面
- 2 = 中立
- 3 = 正面
- 4 = 非常正面

```
(ROOT|sentiment= 1|prob= 0.606
  (NP|sentiment= 2|prob= 0.484
    (JJ|sentiment= 2|prob= 0.631 Self- driving)
    (NP|sentiment= 2|prob= 0.511
      (NN|sentiment= 2|prob= 0.994 car)
      (NNS|sentiment= 2|prob= 0.631 companies)))
  (S|sentiment= 1|prob= 0.577
    (VP|sentiment= 2|prob= 0.457
      (VP|sentiment= 2|prob= 0.587
        (MD|sentiment= 2|prob= 0.998 should)
```

```
        (RB|sentiment= 1|prob= 0.974 not))
      (VP|sentiment= 1|prob= 0.703
        (VB|sentiment= 2|prob= 0.994 be)
        (VP|sentiment= 1|prob= 0.614
          (VBN|sentiment= 2|prob= 0.969 allowed)
          (S|sentiment= 2|prob= 0.724
            (TO|sentiment= 2|prob= 0.990 to)
            (VP|sentiment= 2|prob= 0.557
              (VB|sentiment= 2|prob= 0.887 investigate)
              (NP|sentiment= 2|prob= 0.823
                (PRP|sentiment= 2|prob= 0.997 their)
                (NP|sentiment= 2|prob= 0.873
                  (JJ|sentiment= 2|prob= 0.996 own)
                  (NNS|sentiment= 2|prob= 0.631 crashes)))))))))
    (.|sentiment= 2|prob= 0.997 .)))
```

从这些情感值中我们发现,短语 *allowed to investigate their own crashes* 带有负面情感标签。我们可以通过运行一些变体来调查 CoreNLP 如何处理诸如 *allowed* 和 *not* 这样的单词,如表 3-1 所示。

表 3-1　采用 CoreNLP 的情感分析的句子变体

语句	情感	置信度
They investigate their own crashes.	中立	0.506
They are *allowed* to investigate their own crashes.	负面	0.697
They are *not allowed* to investigate their own crashes.	负面	0.672
They are *happy* to investigate their own crashes.	正面	0.717
They are *not happy* to investigate their own crashes.	负面	0.586
They are *willing* to investigate their own crashes.	中立	0.507
They are *not willing* to investigate their own crashes.	负面	0.599
They are *unwilling* to investigate their own crashes.	负面	0.486
They are *not unwilling* to investigate their own crashes.	负面	0.625

从表 3-1 可以明显看出,短语 *investigate their own crashes* 并不能对整个句子的情感产生重大影响。动词,无论是 *allowed*、*happy* 还是 *willing*,都可以戏剧性地改变情感。修饰词 *not* 可以反转情感,尽管奇怪的是 *not unwilling* 仍被认为是负面的。在本章即将结束时,我们将探讨如何在持续的基础上确定情感分析是否足够准确。

我们应该特别谨慎地研究 CoreNLP 对句子片段和 Twitter 上常见的各种无效英语的情感分析。例如,Twitter API 会给出 *Ford's self-driving car network will launch 'at scale' in 2021 - Ford hasn't been shy about…* 这样的句子,包含省略号在实际推文中,而 CoreNLP 将该句子标记为负面的,置信度为 0.597。

CoreNLP 使用电影评论进行训练,因此新闻文章、推文和 Reddit 评论可能与电影评论中出现的词语和语法不匹配。我们可能在训练域和实际域之间存在域失配(domain mismatch)的情况。CoreNLP 可以在不同的数据集上进行训练,但是这样做需要有成千上万(或数十万或成百上千)已知情感的示例。每个句子的依赖树中的每个节点都必须被标记一个已知的情感,这是非常耗时的。CoreNLP 的作者使用 **Amazon Mechanical Turk** 招募人员来执行此标记任务。

但是,我们应该注意,Twitter 是情感分析的一个流行主题。例如,人们已经对 Twitter 上的情感进行过分析,根据一天中不同的时间确定美国的"情感"(*Pulse of the Nation:U.S. Mood Throughout the Day inferred from Twitter*,*Alan Mislove*,*Sune Lehmann*,*Yong-Yeol Ahn*,*Jukka-Pekka Onnela*,*and J. Niels Rosenquist*,https://mislove.org/twittermood/)。Twitter 情感也已用于预测股市(*Twitter mood predicts the stock market*,*Bollen*,*Johan*,*Maoina Mao*,*and Zengjun Zeng*,*Journal of Computational Science 2(1)*,*pp.1-8,2011*)。据推测,某些对冲基金仍使用此数据源。

在本章中,我们将开发一个项目,该项目使用 CoreNLP 来确定各种来源的陈述的情感。一种更准确的方法需要对 CoreNLP 或类似系统根据我们的数据源中的示例短语进行训练。这样做非常耗时,而且通常不在短期人工智能项目的工作范围内。即便如此,本章稍后将提供在不同领域为 CoreNLP 训练情感分析模型的细节。

部署策略

在这个项目中,我们将利用从传统的在线新闻来源、Twitter 和 Reddit 收集的有关自动驾驶汽车的文章和评论来开发一种实时情感检测器。这些来源的总体情感将在一个图表中显示。为简单起见,我们不会将情感检测器连接到任何类型的自动警报或响应系统。但是,不妨了解一下检测异常即情感的突然变化的技术,如第 6 章所述。

我们将使用 Java 作为该项目的后端,将 Python 作为前端。后端将由数据聚合器和情感检测器组成,而前端将托管实时绘图。由于有可用的情感分析库(CoreNLP)和我们希望访问的各种 API,我们选择 Java 作为后端。由于前端不需要执行情感分析或 API 访问,因此我们可以自由选择不同的平台。我们选择 Python 是为了演示如何将流行的 Dash 框架用于仪表板和实时绘图。

图 3-2 是该项目的高级视图。"情感分析"框表示我们将首先开发的基于 Java 的项目。它使用 Twitter、Reddit 和 News API,并使用相应的库 hbc-core、JRAW 和 Crux。Crux 库用于获取 News API 提供的原始新闻报道。Crux 在去除广告和评论的同时找到文章的正文。News API 本身使用典型的 HTTP 请求和 JSON 编码的数据,因此我们不需要使用特殊的库来访问该 API。各种 API 将在单独的线程中同时且连续地查询。

利用 CoreNLP 对文本进行检索并检测其情感后,将结果保存到 SQLite 数据库中。为了简单起见,我们使用 SQLite 而不是更强大的数据库(例如 MySQL 或 SQL Server)。最后,我们使用 Dash 库(来自 plotly.js 的开发者)在 Python 中开发了一个独立程序,定期查询数据库,聚合不同来源的情感,并在浏览器窗口中显示一个图表。

该图表每天更新一次,但如果你的数据源提供了足够的数据,则可以配置为更频繁地更新(例如,每 30 秒更新一次)。

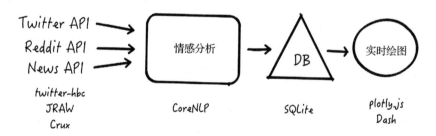

图 3-2　此项目中使用的组件和库的高级视图

首先,我们开发后端。我们的 Java 项目将使用以下 Maven 依赖项:

- **CoreNLP**: https://mvnrepository.com/artifact/edu.stanford.nlp/stanford-corenlp,3.9.1 版

- **CoreNLP 模型**：https://mvnrepository.com/artifact/edu.stanford.nlp/stanford- corenlp，3.9.1 版，带有附加的 Maven 依赖标签：

  <classifier> models< / classifier>

- **Gson**：https://mvnrepository.com/artifact/com.google.code.gson/gson，2.8.2 版
- **Twitter API**：https://mvnrepository.com/artifact/com.twitter/hbc-core，2.2.0 版
- **Reddit API**：https://mvnrepository.com/artifact/net.dean.jraw/JRAW，1.0.0 版
- **SQLite JDBC**：https://mvnrepository.com/artifact/org.xerial/sqlite-jdbc，3.21.0.1 版
- **HTTP Request**：https://mvnrepository.com/artifact/com.github.kevinsawicki/http- request，6.0 版
- **Crux**：Crux 尚未在 Maven 存储库中，因此需要根据其项目页面（https://github.com/karussell/snacktory）上的说明在本地安装

该项目分为几个单独的类：

- SentimentMain:包含 main() 方法,该方法创建数据库(如果不存在的话),初始化 CoreNLP（SentimentDetector 类），并启动 TwitterStream、RedditStream 和 NewsStream 线程。

- SentimentDetector:检测给定文本的情感,并将结果保存到数据库。

- TwitterStream:使用 Twitter API(hbc－core 库)连续监视 Twitter 上的给定搜索词；检测每条匹配的推文的情感。

- RedditStream:使用 Reddit API(JRAW 库)定期搜索某些术语,然后提取匹配的帖子和所有评论；发送所有提取的文本以进行情感检测。

- NewsStream:使用 News API(HTTP Request 和 Crux 库)定期搜索包含某些术语的文章；文章正文使用 Crux 从原始来源中提取,然后发送此文本以进行情感检测。

由于各种 API 和库都需要一些配置参数,例如 API 密钥和查询条件,因此我们将使用一个 Java 属性文件来保存这些信息:

```
sqlitedb = sentiment.db
twitter_terms = autonomous vehicle, self- driving car
twitter_consumer_key = ...
twitter_consumer_secret = ...
twitter_token = ...
twitter_token_secret = ...
reddit_user = ...
reddit_password = ...
reddit_clientid = ...
reddit_clientsecret = ...

reddit_terms = autonomous vehicle, self- driving car
news_api_key = ...
news_api_terms = autonomous vehicle, self- driving car
```

SentimentMain 类的 main() 方法加载属性文件,建立数据库,并启动后台反馈获取线程。我们看到 SQLite 表包含每个句子的原始文本、来源(News API、Twitter 或 Reddit)、找到的日期以及通过 CoreNLP 计算出的由情感名称(Positive、Negative 等等)、数值(0~4,Very Negative 为 0,Very Positive 为 4)和置信度得分(介于 0.0 与 1.0 之间)组成的情感:

```
public static void main( String[] args ) throws Exception
{
  Properties props = new Properties();
  try
  {
    props.load(new FileInputStream("config.properties"));
  }
  catch(IOException e)
  {
    System.out.println(e);
    System.exit(- 1);
  }

  Connection db = DriverManager.getConnection("jdbc:sqlite:" +
props.getProperty("sqlitedb"));
  String tableSql = "CREATE TABLE IF NOT EXISTS sentiment (\n" +
"id text PRIMARY KEY, \n" + " datefound DATE DEFAULT CURRENT_DATE, \n" +
"source text NOT NULL, \n" + "msg text NOT NULL, \n" +
```

```
"sentiment text NOT NULL,\n" + "sentiment_num int NOT NULL,\n" + " score double
NOT NULL\n" + ");";
    Statement stmt = db.createStatement();
    stmt.execute(tableSql);

    Gson gson = new Gson();

    SentimentDetector sentimentDetector = new SentimentDetector(db);

    TwitterStream twitterStream =
    new TwitterStream(sentimentDetector, gson, props);
    Thread twitterStreamThread = new Thread(twitterStream);
    twitterStreamThread.start();

    RedditStream redditStream = new RedditStream(sentimentDetector, props);
    Thread redditStreamThread = new Thread(redditStream);
    redditStreamThread.start();

    NewsStream newsStream = new NewsStream(sentimentDetector, gson, props);
    Thread newsStreamThread = new Thread(newsStream);
    newsStreamThread.start();

    twitterStreamThread.join();
    redditStreamThread.join();
    newsStreamThread.join();
}
```

SentimentDetector 类包含了使用 CoreNLP 检测情感的功能以及将分析后的句子保存到数据库中的过程。为了解释我们检测情感的代码，我们将首先检查 CoreNLP 的处理流水线。

CoreNLP 处理流水线

与许多自然语言处理工具一样，CoreNLP 在其处理架构中使用了流水线这一比喻。为了检测文本主体的情感，系统必须知道文本主体中句子的各个单词、词性和依赖树。此信息是按特定顺序计算的。首先，必须将文本主体分割为标记（**token**），即单词和标点符号。在标记化之前，文本主体只是一个字节序列。根据语言的不同，标记化可能很简单，也可能很复杂。例如，英文文本的标记化相对简单，因为单词之间用空格分隔。但是，中文文本的标记化更具挑战性，因为单词并非总是被空格分隔，可能需要机器学习工具将"雨天地面积水"分割为 雨 | 天 | 地面 | 积水，而不是其他任何配对，因为"每两个连续的字符都可以组

合成一个单词",产生了不同的含义(*Gated recursive neural network for Chinese word segmentation*,*Chen Xinchi*,*Xipeng Qiu*,*Zhenxi Zhu*,*and Xuanjing Huang*,*published in Proceedings of the 53rd Annual Meeting of the Association for Computational Linguistics and the 7th International Joint Conference on Natural Language Processing*,*Volume 1*:*Long Papers*,*pp.1744 –1753*,*2015*)。

一旦分割为标记,文本便会被分割为单个句子,因为所有以后的步骤一次只能处理一个句子。接下来,针对每个句子,识别每个单词的词性。有了这些词性标签,就可以构建依赖树,如图 3－1 所示。最后,如前所述,可以将此树与递归神经网络一起用于识别情感。

CoreNLP 的处理流水线在每个阶段都会给文本附加**注释**(**annotation**)。流水线中后面的阶段可能会引用这些注释(例如词性标签)来完成其工作。CoreNLP 支持比我们需要的更多的情感分析处理阶段,包括命名实体识别和性别检测。我们在 Java 属性文件中指示所需的处理阶段,并使用以下**注释器**(**annotator**)初始化 CoreNLP 库:

```
Properties props = new Properties();
props.setProperty("annotators", "tokenize, ssplit, pos, parse, sentiment");
pipeline = new StanfordCoreNLP(props);
```

这些注释器被称为 tokenize(用于单词标记)、ssplit(用于句子分割)、pos(用于词性标记)、parse(用于依赖树解析)和 sentiment(用于情感分析)。

现在,给定文本主体,我们可以运行注释流水线并从得到的完整注释文本中检索信息。此过程首先创建一个带有文本的 Annotation 对象,然后运行流水线:

```
Annotation annotation = new Annotation(txt);
pipeline.annotate(annotation);
```

注释后,我们可以通过指定相关的注释类来检索不同类型的注释。例如,我们可以获得这样的句子:

```
List< CoreMap> sentences =
annotation.get(CoreAnnotations.SentencesAnnotation.class);
```

接下来,我们遍历这些句子,并针对每个句子检索情感。注意,情感注释由应用于整个句子的字符串组成。整个句子可能被注释为 Positive,例如:

```
String sentiment =
sentence.get(SentimentCoreAnnotations.SentimentClass.class);
```

为了节省数据库中的空间,如果句子的情感是中立的或情感检测器对其决策没有信心,我们选择不保存句子及其情感。此外,我们希望将情感保存为一个数值(0~4),而不是短语(从 Very Negative 到 Very Positive)。此数值将使绘制随时间变化的平均情感图变得更加容易。

通过一系列条件,我们可以轻松地将各种字符串情感值转换为数值(例如,Very Negative 转换为 0)。但是我们需要更深入地研究 CoreNLP 注释以获取置信度得分。这样做还将得到数值(0~4),因此我们将避免这种转换的详尽条件。

从技术上讲,句子依赖树中的每个节点都用情感值和置信度分数进行了注释。前文展示了一个带有分数(标记为概率)的示例树。我们可以通过以下步骤获得此树并读取根置信度分数。首先,我们检索树:

```
Tree sentimentTree =
sentence.get(SentimentCoreAnnotations.SentimentAnnotatedTree.class);
```

接下来,我们获得预测情感的数值(0~4):

```
// 0 = very negative, 1 = negative, 2 = neutral,
// 3 = positive, and 4 = very positive
Integer predictedClass =
RNNCoreAnnotations.getPredictedClass(sentimentTree);
```

该值将用作置信度得分矩阵的索引。这个矩阵仅保存每种情感的置信度得分,其中 1.0 为最高可能得分。最高得分表示最自信的情感预测:

```
SimpleMatrix scoreMatrix =
RNNCoreAnnotations.getPredictions(sentimentTree);
double score = scoreMatrix.get(predictedClass.intValue(), 0);
int sentiment_num = predictedClass.intValue();
```

最后,仅当 score > 0.3 且 sentiment_num ! = 2(Neutral) 时,我们才将句子、句子的来源及其情感值和置信度保存到数据库中。

Twitter API

TwitterStream、RedditStream 和 NewsStream 类作为并发线程运行,它们持续监视各自的来源以获取新的故事和评论。它们的实现方式各不相同,以满足各自 API 的需求,但是它们都共享对 SentimentDetector 对象的访问权限,以便探测情感检测并将其保存到数据库中。

我们将使用官方的 Twitter hbc Java 库来访问 Twitter。我们必须提供库搜索词以过滤特定类型的推文。身份验证是通过与我们的用户账户和应用程序关联的 API 密钥实现的。

该库的设置是直接使用 Twitter 的 hbc 库:

```java
public class TwitterStream implements Runnable
{
  private BlockingQueue< String> msgQueue;
  private Client client;
  public TwitterStream(...)
  {
    msgQueue = new LinkedBlockingQueue< String> (100000);
    Hosts hosts = new HttpHosts(Constants.STREAM_HOST);
    StatusesFilterEndpoint endpoint =
new StatusesFilterEndpoint();

    List< String> terms =
Lists.newArrayList(props.getProperty("twitter_terms").split("\\s* ,\\s* "));
    endpoint.trackTerms(terms);

    Authentication auth =
new OAuth1(props.getProperty("twitter_consumer_key"),
props.getProperty("twitter_consumer_secret"),
props.getProperty("twitter_token"),
props.getProperty("twitter_token_secret"));
    ClientBuilder builder = new ClientBuilder()
.name("SmartCode- Client- 01") .hosts(hosts) .authentication(auth)
.endpoint(endpoint)
.processor(new StringDelimitedProcessor(msgQueue));

    client = builder.build();
    client.connect();
  }
}
```

由于我们希望 TwitterStream 作为线程运行,因此我们将实现 run() 方法,该方法永远一次从流客户端抓取一条推文:

```
public void run() {
  try
  {
    while (! client.isDone())
    {
      String msg = msgQueue.take();
      Map< String, Object> msgobj = gson.fromJson(msg, Map.class);
      String id = (String)msgobj.get("id_str");
      String text = (String) msgobj.get("text");
      String textClean = cleanupTweet(text);
      if(! sentimentDetector.alreadyProcessed(id))
      {
        sentimentDetector.detectSentiment(id,
textClean, "twitter", false, true);
      }
    }
  }
  catch(InterruptedException e)
  {
    client.stop();
  }
}
```

我们在这代码段中看到,在运行情感检测之前该推文是被操纵的。推文在语法上可能是隐秘的,与自然语言大不相同。它们通常包括话题标签(# foobar)、提及(@ foobar)、转发(RT:foobar)和链接(https://foobar.com)。

如前文所述,CoreNLP 情感检测器(以及分词器和词性检测器等)并未针对推文进行训练,而是接受了针对以普通英语形式撰写的电影评论的训练。因此,CoreNLP 将无法正确处理 Twitter 特有的语法以及大量的缩写、表情符号和其他推文特有的怪癖。我们无法轻易避免所有这些问题,但是至少可以清理一些明显的语法元素。我们希望特定的话题标签、提及、转发标记和 URL 不会对推文的整体情感产生重大影响。我们定义了一个名为 cleanupTweet 的函数,它使用一些正则表达式来去除所有特定于 Twitter 的语法:

```
private String cleanupTweet(String text) {
  return text.replaceAll("# \\w+ ", "")
```

```
    .replaceAll("@ \\w+ ", "")
    .replaceAll("https?:[^\\s]+ ", "")
    .replaceAll("\\bRT\\b", "")
    .replaceAll(" : ", "").replaceAll("\\s+ ", " ");
}
```

GATE 平台

值得注意的是,来自谢菲尔德大学的 GATE(General Architecture for Text Engineering,通用文本工程架构,https://gate.ac.uk/)平台改进了 CoreNLP 专门用于英语推文的分词器和词性标记器。他们修改了分词器,使其包含以下功能,这些功能引用自他们的文档(*Tools for Social Media Data*,https://gate.ac.uk/sale/tao/splitch17.html):

- *URL 和缩写(例如"gr8"或"2day")被视为单个标记。*
- *用户提及(@username)是两个标记,一个是 @,另一个是用户名。*
- *话题标签(hashtag)同样是两个标记(hash 和 tag),但请参见下面的另一个可以拆分多词话题标签的组件。*
- *像:-D 这样的表情符号可以被视为单个标记。这要求在运行标记器之前运行一个表情符号辞典。Twitter 插件中提供了一个表情符号辞典示例。该表情符号辞典还将表情符号规范化以帮助分类、机器学习等。例如,:-D 和 8D 都被规范化为:D。*

他们的系统还"使用拼写校正词典来纠正拼写错误,并使用 Twitter 专用词典来扩展常见的缩写和替代词。"此外,他们的分词器还可以分解多词话题标签:

由于话题标签不能包含空格,因此用户通常通过将一些单独的单词组合在一起形成话题标签,有时采用驼峰式大小写,而有时全部采用小写(或大写),例如"#worldgonemad"(因为在 Twitter 上的搜索查询不区分大小写)。

"话题标签标记器" PR 试图从这样的多词标话题签中恢复原始的离散单词。它使用一个大型辞典,包含常用的英语单词、组织名称、位置等以及俚语单词和不使用撇号的紧缩词(因为话题标签是字母数字的,诸如"wouldn't"之类的词通常表示为不含撇号的"wouldnt")。大小写更改时,采用驼峰式大小写的话题标签(#

CamelCasedHashtag) 被拆分。

为了简单起见，我们选择不包括 GATE 的处理链，但我们强烈推荐将 GATE 用于任何使用推文的项目。

Reddit API

我们使用 JRAW 库检索 Reddit 的帖子和评论。像 TwitterStream 一样，我们的 Reddit-Stream 在后台作为线程运行，因此实现了 Runnable 接口。与 Twitter 一样，我们在 Java 属性文件中指定一些搜索词：

```
public class RedditStream implements Runnable {
  private RedditClient reddit;
  private SentimentDetector sentimentDetector;
  private ArrayList< String> terms;

  public RedditStream(SentimentDetector sentimentDetector, Properties props)
    {
      this.sentimentDetector = sentimentDetector;
      UserAgent userAgent = new UserAgent(...);
      Credentials credentials = Credentials.script(
props.getProperty("reddit_user"),
props.getProperty("reddit_password"),
props.getProperty("reddit_clientid"),
props.getProperty("reddit_clientsecret"));
      NetworkAdapter adapter = new OkHttpNetworkAdapter(userAgent);
      reddit = OAuthHelper.automatic(adapter, credentials);

      terms = Lists.newArrayList(props.getProperty("reddit_terms")
.split("\\s* ,\\s* "));
  }
```

run() 方法每 10 分钟在 Reddit API 中搜索我们的特定词一次(10 分钟的间隔可以更改为你希望的任何时间间隔)。它尝试通过查询数据库中具有相同帖子/评论 ID 的现有条目来跳过已经看到的所有帖子和评论。由于 JRAW 对 Reddit 实体进行了广泛的面向对象建模，因此我们省略了用于查询和检索帖子和评论的代码。

该代码有些复杂,因为搜索结果是作为页面检索的(需要一个循环来遍历每个页面),每个页面包含多个提交(需要一个循环),并且每个提交都可能有一个注释树(需要一个自定义的树迭代器）。我们不需要清理帖子和评论的文本，因为在大多数情况下，这些都是用普通英语编写的（与推文不同）。

News API

News API（https://newsapi.org/）为匹配搜索词和指定日期范围的文章提供文章标题、简短摘要以及 URL。News API 从超过 30 000 个新闻来源中收集文章。该 API 不提供实际的文章内容，因为 News API 不具有新闻机构的受版权保护内容的再发布许可。News API 提供的标题和摘要不足以判断文章的情感，因此我们将编写自己的代码，根据在 News API 上搜索关键字返回的 URL 来获取原始新闻文章。

就像 TwitterStream 和 RedditStream 一样，NewsStream 将实现 Runnable，以便爬取进程可以在单独的线程上运行。我们将在这个类中添加日志记录，以提供有关文章获取代码是否正常工作的额外信息，并使用日期格式化程序告诉 News API 搜索今天发布的文章。由于文章的发布频率不及推文或 Reddit 帖子，因此我们将延迟一天进行搜索：

```java
public class NewsStream implements Runnable {

  private SentimentDetector sentimentDetector;
  private Gson gson;
  private String apiKey;
  private ArrayList< String> searchTerms;
  private Logger logger;
  private SimpleDateFormat dateFormat;

  public NewsStream(SentimentDetector sentimentDetector,
Gson gson, Properties props)
  {
    this.sentimentDetector = sentimentDetector;
    this.gson = gson;
    apiKey = props.getProperty("news_api_key");
    searchTerms =
Lists.newArrayList(props.getProperty("news_api_terms")
.split("\\s* ,\\s* "));
    this.logger = Logger.getLogger("NewsStream");
    this.dateFormat = new SimpleDateFormat("yyyy- MM- dd");
  }
```

News API 期望一个典型的 HTTP GET 请求并返回 JSON。我们将使用 HTTP Request

库来简化 HTTP 请求并使用 Google 的 Gson 进行 JSON 解析：

```
public void run()
{
  try
  {
    while (true)
    {
      for (String searchTerm : searchTerms)
      {
        Date todayDate =  new Date();
        String today = dateFormat.format(todayDate);
        HttpRequest request = HttpRequest.get(
"https://newsapi.org/v2/everything", true, "apiKey", apiKey, "q", searchTerm,
"from", today, "sortBy", "popularity").accept("application/json");
        if (request.code() = = 200)
        {
          String json = request.body();
```

至此，我们有了来自 News API 的 JSON 搜索结果。接下来，我们使用 Gson 将 JSON 转换为 Java 对象：

```
Map< String, Object> respmap = gson.fromJson(json, Map.class);
ArrayList< Map< String, Object> > articles =
(ArrayList< Map< String, Object> > ) respmap.get("articles");
```

然后，我们遍历与查询匹配的每篇文章：

```
for (Map< String, Object>  article : articles) {
  String url =  (String) article.get("url");
```

现在，我们需要从原始来源检索实际文章。当然，我们不希望从原始 HTML 页面中提取情感，这只是请求 URL 的结果。我们只需要文章文本，去掉广告、评论以及页眉和页脚。

Crux 库（源自 Snacktory，而 Snacktory 本身源自 Goose 和 JReadability）旨在从任何网页中仅提取主体文本。它使用了在多年发展中获得的各种启发式和特殊情况（包括从其派生的先前库中学到的经验）。一旦使用 Crux 提取了文章文本，我们会将其完整地传递给情感检测器，后者将其分解为段落和句子，并检测每个句子的情感：

```
HttpRequest artRequest =
HttpRequest.get(url).userAgent("SmartCode");
```

```
if (artRequest.code() == 200)
{
  String artHtml = artRequest.body();
  Article crux =
ArticleExtractor.with(url,artHtml).extractContent().article();
  String body = crux.document.text();
  sentimentDetector.detectSentiment(url, body, "newsapi", false, true);
}
```

处理完 News API 查询返回的每篇文章后,该线程将休眠一天,然后再次搜索 News API。

带有 plotly.js 和 Dash 的仪表板

上一节中描述的 Java 项目持续监视有关自主车辆/自动驾驶汽车的新闻和评论的多个来源。在这些来源中发现的每个句子或推文的情感(从 Very Negative 到 Very Positive)都记录在一个 SQLite 数据库中。因为我们不希望自动驾驶汽车的整体情感快速变化,所以我们选择每天查看结果。但是,如果我们正在监视一个更活跃的主题,例如有关体育赛事的推文,那么我们可能希望每小时或每分钟检查一次结果。

为了快速了解最近几天我们的三个来源的总体情感,我们使用 plotly.js 的开发者开发的 Dash 在一个不断更新的网页中绘制情感。Dash 是一个 Python 库,用于创建使用 plotly.js 绘制图表的仪表板。如果你已经拥有自己的网站,则可以只使用 plotly.js 来绘图而无需使用 Dash。我们将需要查询一个 SQLite 数据库,因此需要某种后端服务器,因为浏览器中的 JavaScript 无法查询数据库。

首先,我们的 Python 代码将导入必要的库并加载一个指向数据库的指针:

```
import dash
from dash.dependencies import Input, Output
import dash_core_components as dcc
import dash_html_components as HTML
import plotly.graph_objs as go
import datetime
import plotly
import sqlite3
import math

db = sqlite3.connect('../sentiment/sentiment.db')
```

```
cursor = db.cursor()
```

接下来,我们创建一个 Dash 对象并指定一个布局。我们将在页面顶部显示一个标题"Sentiment Live Feed"(情感即时动态),然后是每小时更新一次的实时更新图表(这样我们可以在当天添加新数据的一小时内看到),图表下方是单个句子及其情感的列表。此列表可帮助我们一眼就能看出情感检测器是否如预期那般工作,以及各种来源是否提供了相关的句子:

```
app = dash.Dash("Sentiment")
app.css.append_css({'external_url':
'https://codepen.io/chriddyp/pen/bWLwgP.css'})

app.layout = html.Div(
  html.Div([
    html.H4('Sentiment Live Feed'),
    dcc.Graph(id= 'live- update- graph'),
    dcc.Interval(
      id= 'interval- component',
      interval= 60* 60* 1000, #  以毫秒为单位
      n_intervals= 0
    ),
    html.Table([
      html.Thead([html.Tr([
        html.Th('Source'),
        html.Th('Date'),
        html.Th('Text'),
        html.Th('Sentiment')])]),
      html.Tbody(id= 'live- update- text')])
  ])
)
```

该图表将通过一个函数调用来更新,该函数调用由前面的代码片段中提到的"interval-component"安排,即每小时更新一次:

```
@ app.callback(Output('live- update- graph', 'figure'),
[Input('interval- component', 'n_intervals')])
def update_graph_live(n):
```

为了更新图表,我们首先必须查询数据库以获取希望在图表中显示的所有数据。在构建图形组件之前,我们将结果存储在 Python 数据结构中:

```
cursor.execute(
"select datefound, source, sentiment_num from sentiment")
data = {}
while True:
  row = cursor.fetchone()
  if row == None:
    break
  source = row[1]
  if source not in data:
    data[source] = {}
  datefound = row[0]
  if datefound not in data[source]:
    data[source][datefound] = []
  data[source][datefound].append(row[2])
```

接下来,我们为两个不同的图表准备数据。最上方是每天每个来源的平均情感。底部是从每个来源找到的句子(即具有非中立情感的句子)数量:

```
figdata = {'sentiment': {}, 'count': {}}
for source in data:
  figdata['sentiment'][source] = {'x': [], 'y': []}
  figdata['count'][source] = {'x': [], 'y': []}
  for datefound in data[source]:
    sentcnt = 0
    sentsum = 0
    for sentval in data[source][datefound]:
      sentsum += sentval
      sentcnt += 1
    figdata['sentiment'][source]['x'].append(datefound)
    figdata['sentiment'][source]['y'].append(sentsum /
float(len(data[source][datefound])))
    figdata['count'][source]['x'].append(datefound)
    figdata['count'][source]['y'].append(sentcnt)
```

现在我们做一个带有两个子图(一个子图在另一个子图的上面)的 plotly 图:

```
fig = plotly.tools.make_subplots(rows= 2, cols= 1,
vertical_spacing= 0.2, shared_xaxes= True,
subplot_titles= ('Average sentiment',
'Number of positive and negative statements'))
```

顶部的图,由第 1 行第 1 列确定,包含平均数据:

```
for source in sorted(figdata['sentiment'].keys()):
  fig.append_trace(go.Scatter(
x = figdata['sentiment'][source]['x'],
y = figdata['sentiment'][source]['y'],
xaxis = 'x1', yaxis = 'y1', text = source, name = source), 1, 1)
```

底部的图,由第 2 行第 1 列确定,包含计数数据:

```
for source in sorted(figdata['count'].keys()):
  fig.append_trace(go.Scatter(
x = figdata['count'][source]['x'],
y = figdata['count'][source]['y'], xaxis = 'x1', yaxis = 'y2',
text = source, name = source, showlegend = False), 2, 1)
```

最终,我们将顶部图的 y 轴范围设置为 0～4(从 Very Negative 到 Very Positive)并返回图:

```
fig['layout']['yaxis1'].update(range= [0, 4])
return fig
```

图下面的表格也必须定期更新,只显示最近 20 个句子。由于表格的简单性质,其代码也更加简单:

```
@app.callback(Output(
'live- update- text', 'children'),
[Input('interval- component', 'n_intervals')])
def update_text(n):
  cursor.execute("select datefound, source, msg,
sentiment from sentiment order by datefound desc limit 20")
  result = []
  while True:
    row = cursor.fetchone()
    if row == None:
      break
    datefound = row[0]
    source = row[1]
    msg = row[2]
    sentiment = row[3]
    result.append(html.Tr([html.Td(source), html.Td(datefound), html.Td(msg),
html.Td(sentiment)]))

  return result
```

最后,我们只需要在执行 Python 脚本时启动应用:

```
if __name__ == '__main__':
    app.run_server()
```

最终的仪表板如图 3-3 所示。

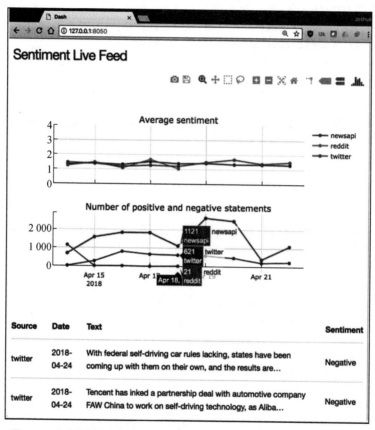

图 3-3　实时更新的仪表板,显示了搜索词"autonomous vehicles"和"self-driving
cars"的平均情感以及来自不同来源的一些个人情感

持续评估

部署后,有几种方法可以证明该系统随时间的推移而变得不准确或退化:

1. 由于速率限制、连接断开或其他问题,流媒体服务(Twitter API、Reddit API 和/或 News API)最终可能无法提供新的帖子和评论。

2. 情感检测器可能不准确;这可能是一致的(始终低于或高于真实情感)、不一致的(似乎是关于情感的随机决定)或退化的(由于 API 提供的输入格式的某些变化,情感随着时间的推移变得不太准确)。

3. 与我们的搜索词相关的反馈(以推文、帖子和评论的形式出现)可能会随着时间的推移而减少,搜索词可能会随着时间的推移而被用于更多不相关的故事中,或者用来指代我们感兴趣的主题的流行词可能会随着时间的推移而变化。例如,曾经被称为无人飞行器(Unmannel Aerial Vehicles,UAV)的东西现在更普遍地被称为无人机(drones)。

本章构建的系统已经包含一些有助于缓解这些潜在问题的特性:

1. 参考图 3-3 中的第二幅图,它显示了在各种来源中发现的带有情感的句子数量,我们可以很容易地注意到,一个来源已经有一段时间没有产生内容了。我们的代码还包括一些(有限的)异常处理,以重新启动失败的流连接。注意,前文介绍了我们的解决方案有一个缺点。我们的系统仅在句子具有非中立情感时才将句子保存在数据库中。这样做是为了节省数据库空间。但是,如果情感检测器不准确或以其他方式产生中立情感的频率远远超过其应有的频率,则该句子将不会被保存,就会出现该来源看起来没有产生内容的情况。

2. 我们在上一节中指出,CoreNLP 情感检测器是针对电影评论进行训练的,而电影评论可能与推文、Reddit 帖子和评论以及新闻文章中的语法和单词用法不匹配。基于更具代表性的样例重新训练 CoreNLP 情感检测器需要花费大量精力。我们将在后文中展示如何做到这一点。但是,我们的系统确实能帮助我们一眼就能看出情感检测器是否准确,至少有一个模糊的感觉。我们可以在仪表板中查看最近的句子列表及其情感。如果此列表上看上去有些虚假内容,我们可以进一步调查该问题。另外,请参阅表3-2中的示例,将基于词典的情感分析与CoreNLP的情感分析进行比较,以计算准确率得分。

3. 如果单词的使用随时间的推移而变化,或者出于某种原因,API为我们的搜索查询返回的内容随时间的推移而变化,那么我们可以通过平均情感或从来源中获得的句子数量的变化来注意到。我们还可能注意到图表下方显示的句子类型以及这些句子所讨论的主题的变化。但是,这个潜在问题是最难一眼发现的,因为它需要定期检查流媒体源提供的全部内容。

我们可以用少量语句以一种特别的方式来评估CoreNLP的准确率。我们还将比较一个简单的基于词典的情感检测器,在其中我们计算在句子中发现的正面和负面形容词的数量。这些形容词来自SocialSent项目(*Inducing Domain-Specific Sentiment Lexicons from Unlabeled Corpora*,*Hamilton William L.*,*Kevin Clark*,*Jure Leskovec*,*and Dan Jurafsky*,*ArXiv preprint*(*arxiv:1606.02820*),*2016*)。

表3-2　基于词典的情感分析与CoreNLP的情感分析对比

语句	真实情感	CoreNLP情感	词典情感
Presenting next week to SF Trial Lawyers Association.	中立	负面	中立
Electric and autonomous vehicle policy wonks who are worried about suburban sprawl, idling cars: worry about a problem that exists today.	负面	中立	负面
But we are always working to make cars safer.	正面	正面	正面
The 5 Most Amazing AI Advances in Autonomous Driving via...	正面	负面	中立
Ohio advances in autonomous and connected vehicle infrastructure	正面	负面	中立
Lyft is one of the latest companies to explore using self-driving car technology.	正面	正面	中立
This screams mega lawsuit the first time an accident does occur.	负面	负面	中立

语句	真实情感	CoreNLP 情感	词典情感
In addition，if a ball or（anything similar）were to roll into the street，a self-driving car would probably slow down anyway.	中立	负面	中立
Uber Exec Ron Leaves an Autonomous-Vehicle Unit in Turmoil	负面	负面	中立
Learning from aviation to makes self-driving cars safer is a good idea.	正面	正面	正面
This is happening more and more and more，and it is becoming truly harmful.	负面	正面	负面
If the glorious technological future that Silicon Valley enthusiasts dream about is only going to serve to make the growing gaps wider and strengthen existing unfair power structures，is it something worth striving for？	负面	正面	中立

假设"真实情感"列是准确的，则 CoreNLP 的正确预测数仅为 6/12(50%)，而基于词典的方法的准确率为 5/12(42%)。更糟糕的是，在 4 种情况下，CoreNLP 预测了相反的情感（当真实情感为正面时预测为负面，反之亦然），而基于词典的方法则没有相反的预测。我们发现，基于词典的方法不太可能得到正面或负面的情感，而倾向于中立的情感，因为它搜索的情感形容词相对较少（约 2 000 个单词）。

为了更精确地衡量 CoreNLP 或任何其他方法的准确率，我们需要标记从我们的流媒体来源提供的文本中随机采样的许多句子的真实情感（根据我们的判断）。更好的做法是反复进行此练习，以检测可能影响情感检测器的文本风格或语法的任何变化。一旦这样做了几次，就可能有足够的训练数据来重新训练 CoreNLP 的情感检测器，以更好地匹配在我们的来源中找到的句子类型。

重新训练 CoreNLP 情感模型

我们的情感分析代码的准确率取决于情感模型的质量。有三个因素会影响模型的质量：

1. 模型的训练样例与我们自己的数据的匹配程度如何？

2. 训练样例的标签的准确率如何？

3. 机器学习算法识别训练样例情感的准确率如何？

CoreNLP 为他们的情感分析模型提供了原始的训练样例（https://nlp.stanford. edu/sentiment/code.html）。这些训练样例包括电影评论。我们可以通过检查 CoreNLP 的训练数据来调查这些问题。

首先，让我们研究一下训练样例，看看它们与我们的 Twitter、Reddit 和新闻数据的匹配程度如何。训练数据中的每个样例都表示为情感值树。每个单词（和标点符号）都是树上的一片叶子，并具有情感得分。然后将单词组合在一起，这个组合有另一个得分，依此类推。树的根具有整个句子的得分。例如，考虑训练数据中的这一项，*A slick, engrossing melodrama*：

```
(4
  (3
    (3
      (2 (2 A) (3 slick))
      (2 ,))
    (3 (4 engrossing) (2 melodrama)))
  (2 .))
```

单词 *A* 的情感为 2（Neutral），*slick* 的情感为 3（Positive），合并后的 *A slick* 的情感为 2（Neutral），依此类推（*engrossing* 是 Positive，*melodrama* 是 Neutral，整个句子是 Very Positive）。

如果我们查看 CoreNLP 提供的更多训练样例，我们会发现它们都是电影评论，而且它们基本上都是完整的、语法正确的英语句子。这在某种程度上与我们的 News API 内容匹配，但与我们的 Twitter 数据不匹配。我们必须通过获取数据中的真实短语来创建自己的短语以训练样例。

我们还可以检查训练数据，看我们是否同意情感标签。例如，也许你不同意 *melodrama* 具有中立情感——也许你认为它应该为 Negative（0 或 1）。检查训练集中的每个条目都需要花费大量时间，但是可以做到的。

为了将训练数据更改为我们自己的样例，首先必须使用 CoreNLP 的句子解析器来创建树

结构。通过运行以下命令,可以为你自己的句子获取此结构:

```
java - cp ejml- 0.23.jar:stanford- corenlp- 3.9.1.jar:stanford- corenlp- 3.9.1-
models.jar - Xmx8g \
  edu.stanford.nlp.pipeline.StanfordCoreNLP \
  - annotators tokenize,ssplit,parse - file mysentences.txt
```

该命令的输出包括以下树:

```
(ROOT
  (NP
    (NP (NNP Ohio))
    (NP
      (NP (NNS advances))
      (PP (IN in)
        (NP
          (ADJP (JJ autonomous)
            (CC and)
            (JJ connected))
          (NN vehicle) (NN infrastructure))))))
```

接下来,我们可以将词性标签(ROOT、NP、JJ、CC 等)替换为所需的情感得分(0～4)。

要对大量的样例(CoreNLP 在其训练集中有 8 544 个句子)这么做需要付出相当大的努力,这就是为什么大多数人只使用预先开发的模型而不是构建自己的模型的原因。即便如此,知道如何构建自己的模型也是很重要的。

一旦以这种方式为大量的短语标记了情感得分,就应将这些短语分为训练、测试和开发文件。训练文件用于训练模型。

在训练结束时使用测试文件对模型进行测试;重要的是,在训练期间不要使用测试样例来衡量模型在新数据上的效果(就像我们在现实世界中那样)。最后,使用开发文件对模型训练时对其进行测试;同样,此文件不应包含训练文件中的任何样例。在训练期间,机器学习算法通过针对开发集使用部分训练的模型来评估它们的性能。这提供了一个持续的准确率评分。同样,在训练结束时,代码将针对测试文件测试最终模型,以获得最终准确率得分。

我们可以使用以下命令对这些文件进行训练:

```
java - cp ejml- 0.23.jar:stanford- corenlp- 3.9.1.jar \
  - mx8g edu.stanford.nlp.sentiment.SentimentTraining \
  - numHid 25 - trainPath train.txt - devPath dev.txt \
  - train - model mymodel.ser.gz
```

训练可能需要一些时间(几个小时)。使用 CoreNLP 的原始电影评论数据集,最终的准确率由两个数字描述。首先,系统有 41% 的情感预测正确。该数字衡量的是对整个短语或句子的预测,不包括单个单词的情感(为了预测整个短语的情感,它也会预测单个单词的情感)。该准确率似乎很低,因为它衡量的是系统是否获得了准确的情感(值 0～4)。第二种测量法是一个"近似"测量,它检查系统获得总体情感正确的频率:负面的或正面的(忽略原始测试数据中的中立短语)。对于这个测量,它可以达到 72% 的精度。

对于任何特定用例很难说这些准确率得分是否"足够好"。我们已经看到,CoreNLP 的电影评论情感模型可能不足以分析推文和社交媒体评论。然而,当我们向训练数据集添加更多的样例并重新训练模型时,这些得分确实使我们确定我们是否在改进。

本章总结

本章介绍了一种理解反馈的方法,具体来说,是一种获取有关某个主题的推文、帖子和新闻文章并确定大众对该主题的总体情感(负面或正面)的方法。我们选择了"autonomous vehicles"和"self-driving"为搜索词,以便了解人们对这种新兴技术的感受,尤其是在撰写本文时,鉴于最近的一些新闻(有些是好的,有些是坏的)。

我们的方法使用了 Twitter、Reddit 和 News API,它们作为独立线程运行,不断获取新的推文、帖子和评论。然后将文本发送到 CoreNLP 库以进行情感检测。CoreNLP 首先将文本分解为单个句子,然后检测每个句子的情感。接下来,我们将带有非中立情感的每个句子以及日期和来源保存在 SQLite 数据库中。为了可视化当前的情感,我们还构建了一个实时更新的网络仪表板,其中包含一个有关每个来源每天的平均情感和每个来源每天的句子总数的图表。我们在此仪表板中添加了一个表,该表显示了最近的句子及其情感的采样,以便快速判断系统是否正常运行。最后,我们讨论了持续评估系统的方法,包括对 CoreNLP 与一个简单的基于词典的情感检测器的快速比较。

4

推荐商品和服务的蓝图

现如今,很多企业都会在线推广产品和服务。人们可以通过 Google 和其他搜索引擎查找到这类网站。我们在这里以 Google 为例,用户通常会被 Google 引导到商业网站上的特定页面,用户也可以返回 Google 来查找相关产品。例如,一个业余摄影爱好者可能会在某一个网站上查找一款相机,而在另一个网站上查找相机镜头,他可能并没有意识到卖相机的公司同时也在销售一系列的相机镜头。当第三方搜索引擎控制用户的购物体验时,对这些企业来说,如何确保回头客是一个挑战。

推荐系统可以通过向用户展示相关的商品和服务来帮助企业留住客户。相关商品包括那些与正在被查看的商品相似的商品,以及与用户感兴趣或购买历史相似的商品。理想情况下,推荐系统应该足够智能,使得用户不需要或者没有兴趣再次搜索另一个网站。商品推荐可以通过检查用户的购物记录、商品评分甚至只是浏览记录来确定。

推荐系统不只对在线商务大有裨益,而且对其他一系列的在线体验也帮助颇多。例如音乐流媒体服务 Spotify。每当用户播放一首曲目,系统就可以了解到该用户喜欢的艺术家类型并且推荐相关的艺术家。相关的艺术家可以通过相似的音乐属性来决定,或者通过与其他用户以及他们喜欢的艺术家的相似度来确定,另一个音乐流媒体网站 Randora Radio 就是最好的例子。如果该用户是新用户,可以根据其他用户的喜好来确定相关的艺术家。换句话说,系统认为披头士乐队(The Beatles)和谁人乐队(The Who)是相似的,因为收听其中一个乐队的音乐的用户通常也会收听另一个乐队的音乐。

推荐商品有两种方式。假设我们了解用户并且知道用户正在查看什么,例如一款特定的相机或者一位特定的布鲁斯音乐家。我们可以通过查看商品(相机或艺术家)的特征和用户提交的兴趣特征来生成推荐。例如,数据库可以通过选择与相机兼容的镜头,或与用户在个人资料中选择的流派相同的音乐家来生成推荐。在相似的环境中,可以通过查看商品的描述并找到与用户正在浏览的商品最相似的物品来推荐商品。对这一类推荐方法,我们称为**基于内容的推荐**(*Content-based recommendation systems*,*Pazzani*,*Michael J.*,*and Daniel Billsus*,*The Adaptive Web*,*pp. 325-341*,*Springer*,*Berlin*,*Heidelberg*,*2007*,https://link.springer.com/chapter/10.1007% 2F978- 3- 540- 72079- 9_10).

第二类推荐方法我们称之为**协同过滤**(**collaborative filtering**)。此类方法通过其他用户的反馈来确定向该用户推荐哪些商品,因此得名(*Item-based collaborative filtering recommendation algorithms*,*Sarwar*,*Badrul*,*George Karypis*,*Joseph Konstan*,*and John Riedl*,*in Proceedings of the 10th international conference on World Wide Web*,*pp. 285-295*,*ACM*,*2001*,https://dl.acm.org/citation.cfm? id= 372071)。其他用户可以贡献评分、喜好、购买历史、浏览记录等信息。有时,像 Amazon 这样的网站会提供类似"购买此商品的顾客也购买了……"这样的提示,这样的短语就是协同过滤的明确标志。在实践中,协同过滤是一种预测用户会有多喜欢每件商品,然后过滤得到几个预测得分最高的商品的方法。

有很多技术可以生成基于内容的推荐和协同过滤推荐。我们将介绍当前最佳实践的简易版本,使用 **BM25 加权**(*The Probabilistic Relevance Framework*：*BM25 and Beyond*,*Robertson*,*Stephen*,*and Hugo Zaragoza*,*Information Retrieval Vol. 3*,*No. 4*,*pp. 333-389,2009*,https://www.nowpublishers.com/article/Details/INR- 019)来更好地比较行为大不相同的商品和用户,使用**高效最近邻搜索**(**efficient nearest neighbor search**)来找到得分最高的推荐商品,使用**矩阵分解**(**matrix factorization**)来预测用户对于每一件商品的喜好并计算商品与商品之间的相似度。

推荐系统可以通过多种方式进行评估,但最终的目标是销售更多的产品和增加用户黏性。在简单的 A/B 测试中,推荐系统随机开启或关闭,可以告诉我们推荐系统是否正在起作用。我们也可以进行离线评估。在这种情况下,历史数据被用于训练模型,而一部分数据被预留出来不用于训练而用于评估。系统生成的推荐会和预留出的数据进行比对,看看它们是否与实际行为相符。对于实时评估,在线评估是一种选择。我们会演示在线评估过程,每一次用户购买记录都会和系统为用户生成的推荐进行比对。通过查看那些在被推荐的同时也被购买的商品的数量来评估系统。

在本章中,我们将介绍

- 生成基于内容的推荐和协同过滤推荐的相关方法。
- Python 库 implicit,用于构建推荐系统,由 Ben Frederickson 开发(https://github.com/benfred/implicit)
- Python 库 faiss,用于高效最邻近搜索,由 Facebook AI Research 团队开发(https://github.com/facebookresearch/faiss)
- 一个基于 HTTP 的 API,用于记录用户行为(例如购买记录)和生成推荐
- 一种用于在线评估推荐系统准确率的技术

使用场景:隐性反馈

推荐系统在许多场景下都有用武之地,Amazon 的在线购物平台就是一个例子。在首页,Amazon 推荐自家开发的特色产品(例如 Alexa 语音助手),针对用户的"折扣商品","心愿单"商品,各种主题的推荐商品清单(例如"运动户外"),以及基于用户购买历史的更传统的推荐。据推测,这些推荐是基于其他用户的评分、商品的受欢迎程度、购买间隔时间(在 Amazon 的推荐系统中,两件商品购买的时间相近,那么它们就具有较强的相关性)(*Two decades of recommender systems at Amazon.com*,*Smith*,*Brent*,*and Greg Linden*,*IEEE Internet Computing Vol.21*,*no.3*,*pp.12 -18,2017*,https://ieeexplore.ieee.org/abstract/document/7927889/)、用户自己的行为(购买、评分、点击、心愿单)、与该用户相似的其他用户的行为或者 Amazon 当前的营销重点(例如 Alexa、Whole Foods、Prime)等。可以说 Amazon 具有顶级店面的营销技术。无论一本书的章节里描述了什么推荐系统,它们都只是像 Amazon 这样的大型店面整体营销策略中的冰山一角。

由于本章的重点是介绍推荐系统的主要特性,因此我们将重点讨论一个通用场景,这个场景使用了尽可能少的信息来构建推荐系统。商品评分是一种"显性"反馈,用户在其中付出了具体的努力来提供信息,而我们会依赖于商品内容(标题、产品细节)以及这些"隐性"

反馈。

这种反馈不需要用户去做额外的事。**隐性反馈**包括用户点击、购买、点赞甚至鼠标移动。在本章中,为了简化问题,我们将重点关注购买行为,以确定哪些商品是用户的首选,并通过识别那些经常被其他具有相似购买记录的用户购买的商品来向用户推荐商品。

使用这些隐性反馈,我们无法建立负面反馈模型。使用显性的评分,较低的分数表示该用户并不喜欢此商品,这些负面评分可以帮助推荐系统过滤掉不好的推荐。使用隐性反馈,例如购买记录,我们所知的只有该用户是否购买过某个商品。我们无法获知该用户没有购买某个商品(目前)是因为没有购买意愿,还是因为不够了解该商品,或者是有购买意愿但是目前还未购买并且会在将来的一段时间内购买。

在这样一个简单直接的使用场景下,我们可以建立一个通用的推荐系统。在"部署策略"小节中,我们会开发一个小型 HTTP 服务器,每当用户购买一个商品时,它都会收到通知。服务器会定期更新推荐模型,并根据请求提供特定于商品和特定于用户的推荐。为了简化问题,我们不会使用数据库或者与其他现有平台集成。

基于内容的推荐

此前,我们介绍了两种推荐方法:基于内容的推荐和协同过滤。基于内容的推荐通过检查给定商品的特性(例如名称和描述、类别)或与其他商品的依赖关系(例如电动玩具需要电池)来找到与该商品相似的商品。这类推荐不需要用到关于评分、购买记录或者任何其他用户的(显性或隐性)信息。

假设我们希望通过商品的名称和描述来找到相似的商品。也就是说,通过检查该商品所使用的单词来查找具有相似单词的商品。我们将把每一件商品表示为一个向量,通过一个距离度量来比较商品的形似程度,距离越小表示越相似。

我们可以使用**词袋**(**bag-of-words**)技术将一个商品的名称和描述转化成一个数值向量。这种方法通常用于任何需要将文本转化为向量的情况。此外,每一个商品的向量都具有相同的维度(相同数量的值),所以我们可以轻松计算出任意两个商品向量的距离度量。

词袋技术为每件商品都构建一个向量,这个向量的维度是由无重复词汇构成的,这些词汇出现在所有商品中。假设一共有 1 000 个无重复的词出现在 100 件商品的名称和描述中,那么每件商品就会用一个 1 000 维的向量来表示。向量中的每个数值就是商品使用每个特定单词的次数。如果我们有一个商品向量为<3, 0, 2, …>,1 000 个词为 *aardvark*,*aback*,*abandoned*…… 那么我们就知道该商品使用了 3 次 *aardvark*,2 次 *aback*,以此类推。除此以外,我们通常会去掉停顿词(stopwords),或英语中的常用词,例如 *and*、*the* 或者 *get* 等,这些词通常没有什么意义。

给定两个商品向量,我们有多种方法计算它们之间的距离。一种常用的方法是**欧氏距离**(**Euclidean distance**):$d = \sqrt{\sum (x_i - y_i)^2}$,其中 x_i 和 y_i 分别表示第一个商品向量和第二个商品向量的值。当商品名称和描述使用的单词数量相差很大时,欧氏距离就不太准确了,所以我们通常使用**余弦相似度**(**cosine similarity**)。这个方法测量两个向量之间的角度。当向量只有两个维度时这很容易理解,但是这个方法在任意维度下都表现良好。在二维空间中,两个商品向量之间的角度是连接点(0,0)和商品向量值<x,y>的直线之间的角度。余弦相似度计算方法是 $d = (\sum x_i \cdot y_i)/(\|x\| \|y\|)$,其中,$x$ 和 y 是 n 维向量,$\|x\|$ 和 $\|y\|$ 是向量的模,也就是它到原点的距离,$\|x\| = \sqrt{(\sum x_i^2)}$ 。和欧氏距离不同的是,余弦相似度的值越大越好,因为这表示两个向量之间的角度越小,所以向量之间更接近或更相似(余弦的函数图像在原点时,函数值为 0,角度也为 0)。两个相同的向量的余弦相似度是 1.0。之所以称其为余弦相似度,是因为我们可以通过求 d 的反余弦来求得实际的角度:$\theta = \cos^{-1} d$。我们并不需要这样做,因为 d 作为相似度值刚好。

现在我们可以把每件商品的名称和描述通过向量表示出来,并且可以用余弦相似度计算两个向量的相似度。可是这里有一个问题。如果两件商品使用了多个相同的词,即使这些词很常见,它们也会被认为非常相似。例如,如果我们商店中的所有视频商品在名称末尾都有单词 *Video* 和 *DVD*,那么每一个视频都会被认为与其他的视频相似。为了解决这个问题,我们想要减少商品向量中表示常用词的值。

在词袋向量中减少常用词的一种普遍方法是**词频-逆文档频率**(**Term Frequency-Inverse Document Frequency**,**TF-IDF**)。我们将向量中的每个值乘以一个权重来得到一个新值,这个权重考虑了单词的共性。这个加权公式有很多变体,最常见的是以下形式。

向量中的每个值 x_i 变更为 $\hat{x}_i = x_i \cdot \left[1 + \log \dfrac{N}{F(x_i)}\right]$，其中 N 是商品的总数(例如 100)，F (x_i) 表示(在这 100 个商品中)有多少商品包含 x_i 这个词。一个常用词的 $N/F(x_i)$ 因子会比较小，所以它的权值 $\hat{x}_i$ 会比原始值 x_i 要小。我们用 $\log()$ 函数来确保对于不常用词，乘数不会变得过大。值得注意的是 $N/F(x_i) \geqslant 1$，并且当一个单词出现在所有的商品中(即 $N = F(x_i)$，所以 $\log \dfrac{N}{F(x_i)} = 0$)，那么 $\log()$ 函数前面的"1+"部分通过保持 x_i 不变来确保单词仍然被计算。

现在我们获得了带适当权重的向量和相似度度量，最后的任务是通过这些信息来找出相似的商品。假设给定一件查询商品，我们想要找到与其相似的其他三件商品。这些商品应该和该查询商品具有最大的余弦相似度。这被称为最近邻搜索。如果编码简单，最近邻搜索需要计算每一件商品和该查询商品之间的相似度。更好的方法是应用一个高效的库来计算，例如 Facebook 的 faiss 库(https://github.com/facebookresearch/faiss)。faiss 库会预计算相似度，然后将它们存储在一个高效的索引中。它还可以使用 GPU 来并行地计算相似度并且非常快速地查找到最近的邻居。我们会使用 implicit 库来找到推荐的商品，Ben Frederickson 是 implicit 的开发者，他对比了简单方法、faiss 库以及其他库的表现(https://www.benfrederickson.com/approximatenearest-neigh-bours-for-recommender-systems/)。结果显示，简单方法每秒可以实现 100 次搜索，但是在 CPU 上运行的 faiss 每秒可以实现 10 万次搜索，在 GPU 上运行的 faiss 可以实现每秒 150 万次搜索。

还有最后一个难题。虽然去掉了停顿词，考虑到商品名称和描述中可能使用的单词数量，词袋向量仍然很大，一般会有 1 万到 5 万个值。faiss 库在如此巨大的向量上表现不佳。我们可以用一个词袋模型的参数来限制单词的数量或者"特性"的数量。但是，这个参数只保留最常见的词，这不是我们所希望的；相反，我们希望保留最重要的词。我们将使用矩阵分解，即**奇异值分解**(**Singular-Value Decomposition**，**SVD**)，将向量的大小减少到仅有 100 个值。我们将在后面的"协同过滤推荐"一节中介绍矩阵分解。

有了这一切，我们就可以使用一些简单的 Python 代码和 scikit-learn 库来实现一个基于内容的推荐系统。在这个示例中，我们会使用 Amazon 评论数据集的去重版本，它包含从 1996 年 5 月 20 日至 2014 年 7 月 23 日收集的 680 万件商品的 6600 万条评价(http://

jmcauley.ucsd.edu/data/amazon/)。

 由于内存限制,我们将只处理前 300 万件商品。

在基于内容的推荐系统中,我们不使用商品的评价而只使用商品的名称和描述。商品数据存储在一个 JSON 文件中,每一行是用来表示一个商品的一个 JSON 字符串。我们提取出商品名称和描述并将它们添加到一个列表中。同时也把商品标识符(asin)添加到这个列表中。然后我们将这个字符串列表提供给 scikit-learn 库的 CountVectorizer 函数,用于为每个字符串构建词袋向量;接着,我们将使用 TF-IDF 重新计算这些向量,再使用 SVD 减小向量大小。上述三个步骤被封装到一个 scikit-learn 流水线中,所以我们可以运行 fit_transform 函数来执行这一系列步骤:

```
pipeline = make_pipeline(
CountVectorizer(stop_words= 'english', max_features= 10000),
TfidfTransformer(), TruncatedSVD(n_components= 128))
product_asin = []
product_text = []

with open('metadata.json', encoding= 'utf- 8') as f:
  for line in f:
    try:
      p = json.loads(line)
      s = p['title']
      if 'description' in p:
        s += ' ' + p['description']
      product_text.append(s)
      product_asin.append(p['asin'])
    except:
      pass
d = pipeline.fit_transform(product_text, product_asin)
```

计算结果 d 是一个由所有向量组成的矩阵。接下来我们配置 faiss 来进行高效最近邻搜索。回想一下,我们希望使用我们的词袋向量,通过计算余弦相似度来找到与给定商品相似的商品。这其中最相似的三个向量就是我们基于内容的推荐商品:

```
gpu_resources = faiss.StandardGpuResources()
```

```
index = faiss.GpuIndexIVFFlat(
gpu_resources, ncols, 400, faiss.METRIC_INNER_PRODUCT)
```

请注意，faiss 也可以在没有 GPU 的环境下运行：

```
quantizer = faiss.IndexFlat(ncols)
index = faiss.IndexIVFFlat(
quantizer, ncols, 400, faiss.METRIC_INNER_PRODUCT)
```

然后我们通过训练 faiss，使其学习向量中值的分布，然后添加我们的向量（从技术层面讲，我们只需要在完整数据集的一个代表性子集上进行训练即可）：

```
index.train(d)
index.add(d)
```

最后，我们通过搜索索引来查找最近邻。可以一次对多件商品中进行搜索，结果是距离和项目索引的列表。我们将使用索引来检索每件商品的 asin 和名称（或描述）。例如，假设我们想要找到某件商品的邻近商品：

```
# 查找商品 5 的 3 个邻近商品
distances, indexes = index.search(d[5:6], 3)
for idx in indexes[0]:
  print((product_asin[idx], product_text[idx]))
```

处理完 300 万件商品后，表 4－1 列出了一些推荐示例，其中斜体表示不太理想的推荐。

表 4－1　基于内容的推荐商品示例

商品名称	3 件最邻近商品	相似度
The Canterbury Tales (Puffin Classics)	The Canterbury Tales (Signet Classics)	0.109
	Geoffrey Chaucer: Love Visions (Penguin Classics)	0.101
	The English House： English Country Houses & Interiors	0.099

商品名称	3 件最近邻居商品	相似度
Oracle JDeveloper 10g for Forms & PL/SQL Developers: A Guide to Web Development with Oracle ADF (Oracle Press)	Developing Applications with Visual Basic and UML	0.055
	Web Design with HTML and CSS Digital Classroom	0.055
	Programming the Web with ColdFusion MX 6.1 Using XHTML (Web Developer Series)	0.054
Dr. Seuss's ABC (Bright & Early Board Books)	Elmo's First Babysitter	0.238
	The Courtesan	0.238
	Moonbear's books	0.238

显然,这种方法在大多数情况下是可行的。基于内容的推荐是一类重要的推荐方法,尤其是对于没有购买记录的新用户而言。很多推荐系统会将基于内容的推荐和协同过滤推荐结合起来。基于内容的推荐可以很好地根据商品自身给出相关推荐商品,而协同过滤最适合推荐那些经常被同一个人购买但没有内在关联的商品,例如露营装备和旅行指南。

协同过滤推荐

通过上节的内容我们了解到,通过基于内容的推荐,我们仅仅使用商品特征,例如名称和描述,就可以生成相似商品的推荐。我们使用 Amazon 的商品数据进行了演示。事实上,Amazon 用户的购买记录和对商品的评价,在基于内容的推荐上并没有产生影响。

协同过滤推荐仅仅利用用户行为。我们仍然可以找到某件商品的相似商品,但这一次是通过查找同样对该商品进行评分或购买的用户所购买或评分较高的商品来找到相似商品。

也许更重要的是,我们还可以为特定用户推荐商品。使用基于内容的推荐方法为特定用户推荐商品是不可行的。我们可以根据购买记录或评分来找到相似用户,然后确定这些用户对哪些商品评分较高或进行了购买。

正如前面在"使用场景:隐性反馈"一节中所说的,我们不使用商品评分而是使用购买记录。这是一种隐性的用户反馈,因为我们假设用户购买了商品就表示喜欢该商品,而且没有任何负面反馈(用户不喜欢商品),因为我们不查看用户的评分和评价,即使其存在于数据库中。

我们可以用一个购买数量的向量来表示每个用户的隐性反馈,向量中的每一列表示一件商品。也就是说,在一个拥有 1 000 件商品的购物平台上,每个用户都会用一个包含 1 000 个元素的向量来表示。如果我们把这些向量聚集在一起,我们就能得到一个用户-商品矩阵,其中每一行表示一个用户,每一列表示一件商品。如果有 M 个用户和 N 件商品,这个矩阵的维度就是 $M \times N$。

BM25 加权算法

使用原始的购买数量作为矩阵中每个元素的值,会带来与我们在词袋向量中见过的类似问题。购买大量流行商品的用户会在矩阵中有很大的值。那些购买许多不同种类商品的用户实际上并没有提供太多有助于计算商品间关系的信息。同理,那些流行的商品,例如畅销书和唱片,对很多用户而言相对常见和受欢迎。我们不希望《达·芬奇密码》仅仅因为很畅销,就与每一件商品都相关。

我们可以像使用词袋向量一样使用 TF-IDF 方法。但是,TF-IDF 的一个变体已被证明在推荐系统中十分成功。这个公式叫做 BM25(BM 表示"best match",即最佳匹配,25 表示特定的算法变体),它和 TF-IDF 具有相似的特性,但是有额外的参数让我们可以根据自己的特定需求来定制它。向量中每个值被更新如下:

$$\hat{x}_i = \left(x_i \cdot \frac{K_1 + 1}{K_1 \cdot w_i + x_i} \right) \cdot \left(1 + \log \frac{N}{1 + D} \right)$$

其中:

$$w_i = (1 - B) + B \cdot \left(\frac{d_1}{\bar{d}} \right)$$

参数 $K_1 \geqslant 0, 0 \leqslant B \leqslant 10$，$N$ 为商品总数，D 为该用户购买过的不同商品的总数，d_i 为其他用户购买该商品的次数，$\bar{d}$ 为在 D 中这件商品被购买的平均次数。第一个分量是 TF-IDF 中词频部分的变体，第二个分量（带有 $\log()$）对应 TF-IDF 的逆文档频率部分。在其他条件相同的情况下，当一件商品被一个用户多次购买时，它就在向量中有一个较高值（词频部分），但是如果用户购买了很多商品，这个值就比较低（逆文档频率部分）。如果很多用户购买了这件商品，权重 w_i 就会根据 TF 部分进行调整。当 $B = 0$ 时，权重 w_i 会趋于 0，所以带有 x_i 的部分会变成 $K_1 + 1$ 这个常量与 IDF 相乘。如果 B 增加到 1，用户向量中这件商品的值会减小到差不多是该商品的平均受欢迎程度，从而降低该用户对该商品的特定偏好。参数 K_1 会调整商品的平均受欢迎程度的影响程度。

如果 $K_1 = 0$，用户对这件商品（x_i）的偏好会被完全忽略，只留下逆文档频率部分（等同于 $B = 0$ 时的情况）。当 K_1 增大时（趋于 ∞），用户对于这件商品的偏好开始占主导地位，直到（$K_1 = \infty$ 时）权重 w_i 和参数 B 都没有影响为止，此时仅仅剩下 x_i。比较常见的参数值为 $K_1 = 1.2, B = 0.5$。注意，当 $x_i = 0$ 时，BM25 加权算法给出的值为 0，所以权重函数不会改变矩阵的稀疏性。

根据数据集来选取合适的 K_1 和 B 值。我们在"持续评估"一节中将通过一个电影评分数据库来演示如何找到这些值。

矩阵分解

考虑前面提到的用户-商品矩阵，它的维度是 $M \times N$，可能有数以百万计的用户和商品。这个矩阵有可能非常稀疏，也就是说其中很多值为 0。在如此巨大的矩阵中找到前 3 件或前 10 件最相似的商品要花相当长的一段时间。另一个值得考虑的问题是，用户的购买行为可能非常多样化，除了畅销商品外，很多商品只会被极少数用户购买。例如，假设一家商店销售上百本奇幻小说，有一组用户，其中每个人都买了这些小说中的其中一本，但是并没有人买到与其他用户相同的小说。同样地，假设这些用户没有其他共同的购买记录，那么从余弦相似度来看他们没有相同的元素，并宣布他们之间完全不同。然而，我们很清楚，这些用户对奇幻小说的喜爱是相似的，因此我们至少应该为每个用户推荐一些他们没有购买过的奇幻小说。

从本质上说,我们希望系统知道"奇幻小说"是小说里的一个类别并基于这一类别进行推荐。我们称这样的变量为"隐因子"(latent factor)。我们可以通过假设存在特定数量的此类因子来计算,比如 50 个,然后基于这 50 个隐因子,我们把这个庞大的用户-商品矩阵转变成一个较小的矩阵(实际上是一对矩阵)。这两个矩阵相乘可以重新(近似地)生成原始的用户-商品矩阵。使用一种称为矩阵分解的技术,我们可以找到这两个新矩阵,大小分别为 $M \times F$ 和 $F \times M$,其中 F 表示理想的隐因子数(通常选择 $F = 50$ 或者 $F = 100$),以便这两个矩阵相乘(在转置第二个矩阵后)可以生成一个与原始矩阵近似的矩阵。图 4-1 展示了这个分解过程。

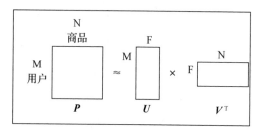

图 4-1 用户-商品矩阵的矩阵分解,$P \approx UV^T$

新矩阵将 M 个用户表示为 F 个因子权重的向量,将 N 件商品也表示为 F 个因子权重的向量。换句话说,此时用户和商品都通过他们与隐因子或类别之间的关系强度来表示。

因此可以推测,一个喜欢奇幻小说的用户会在那个表示奇幻小说的因子上有较高的权重,同理,多个奇幻小说商品也会在相同的因子上有较高权重。

假设我们称原始的用户-商品矩阵为矩阵 P(维度为 $M \times N$,表示有 M 个用户和 N 件商品),新生成的用户-因子矩阵为矩阵 U(维度为 $M \times F$,表示有 M 个用户和 F 个因子),新生成的商品-因子矩阵为矩阵 V(维度为 $N \times F$,表示有 N 件商品和 F 个因子),它的转置矩阵 V^T(维度为 $F \times N$)允许我们将 U 和 V 相乘。然后原始矩阵 P 可以通过常规的矩阵相乘重新构建,也就是说,在 P 的重构矩阵 $\hat{P}$ 中,每一个值可以用矩阵 U 的行向量与矩阵 V^T 的列向量的点积来计算:

$$p_{ij} \approx \sum_{0 \leq f \leq F} u_{if} \cdot v_{fj}$$

为矩阵 U 和矩阵 V 选择适当的值可以得到很好的近似值,即重构矩阵中的每一个 $\hat{p}_{ii}$ 值都与用户-商品矩阵的原始值 p_{ij} 相同或相近。我们可以使用"损失函数"(loss function)计算总体误差,然后通过改变矩阵 U 和矩阵 V 中的值来逐渐减小误差或损失。这个过程我们将在后文中描述。

在讨论如何找到 U 和 V 的值之前,我们应该花一点时间对这些隐因子代表什么以及 U 和 V 矩阵包含的信息类型建立一种直觉。考虑包含广泛音乐艺术家的用户收听次数的 Last.fm 数据集。我们将每一次收听都视为一种隐式反馈。为了与我们稍后开发的代码相匹配,我们有时将收听称为"购买"。通过模拟这些收听序列,我们可以逐步构建一个用户-艺术家矩阵。接下来,我们可以计算具有 50 个因子的 U 和 V 矩阵。但是我们如何理解这些新的 U 和 V 矩阵包含的内容呢?

为了便于理解,我们将专注于矩阵 V,因为它表示音乐艺术家。使用**多维尺度变换(multidimensional scaling)**,我们可以在矩阵 V 中找到每个艺术家的二维坐标,这样艺术家之间的距离(相似度)可以用二维散点图上的点之间的距离按比例来表示。

换句话说,如果两个艺术家的 50 维向量相似,那么在二维散点图上表示这两个艺术家的两个点就会比较接近;如果不相似,那么这两个点就会相距较远。如果我们在散点图中发现有一组聚集的艺术家,我们可以说这个集群是同一个流派的艺术家。

图 4-2 展示了对 50 维因子向量使用多维尺度变换后的艺术家相似性散点图。可以看到,其中点与点之间的距离体现出了艺术家在音乐上的相似度。正如上文所述,这些因子向量是通过对收听用户-艺术家矩阵进行矩阵分解得到的。换句话来讲,这些艺术家是根据 Last.fm 上用户的收听记录进行分类的,即利用协同过滤方法,而不是根据任何相似度,例如艺术家的资料、流派、歌名等进行分类,这些都是基于内容的过滤方法。显然,协同过滤可以更好地洞察艺术家(或用户,尽管我们在此并未展示用户相似度)之间的关系。而且,协同过滤可以提供一种艺术家推荐服务,例如,喜欢艺术家 X 的用户也喜欢艺术家 Y。

至此,我们对用户-因子矩阵 U 和商品-因子矩阵 V 所表示的内容有了直观上的了解,现在让我们来看看这两个矩阵是如何创建的。因为要通过矩阵 U 和矩阵 V 重构原始矩阵 P,我们的目标是找到使得重构矩阵中的值与原始矩阵 P 中的值误差最小的 U 和 V:

$$\min_{u',v'} \sum_{i,j} \left(p_{ij} - \sum_{0 \leqslant f \leqslant F} u_{if} * v_{fj} \right)^2 + \lambda \left(\| u_i \|^2 + \| v_j \|^2 \right)$$

此时,u' 和 v' 分别表示矩阵 U 和矩阵 V 的(行)向量,我们希望找到这些向量的值;

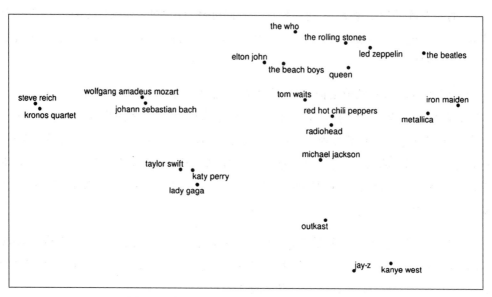

图 4 - 2　来自 Last.mf 数据集的艺术家相似度散点图

$\lambda(\parallel u_i \parallel^2 + \parallel v_j \parallel^2)$是一个正则化参数($\lambda$ 表示一个大约为 0.01 的自由参数)用来保证矩阵 U 和 V 的值尽可能地小,从而防止过拟合现象。$\parallel u_i \parallel$ 和 $\parallel v_j \parallel$ 表示矩阵 U 和 V 中的向量到原点的距离,所以比较大的距离值会被抑制。

我们很难同时找到最优的矩阵 U 和 V。在机器学习中,从术语上看,前文所述的优化函数不是一个凸函数,也就是说并不是只有一个解使得误差最小化,而是有几个局部最优解。如果可能的话,我们总是倾向于使用凸函数,这样我们就可以采用如梯度下降这样的常规方法,通过迭代的方式更新数值,找到唯一最优解。但是,如果我们将矩阵 U 保持不变,或者将矩阵 V 保持不变,然后最优化另一个,我们就得到一个凸函数了。我们可以将两个矩阵交替地进行优化,从而达到"同时"优化的目的。

这个方法叫做**交替最小二乘法(Alternating Least Squares,ALS)**,因为我们交替优化矩阵 U 和 V 的最小平方误差(其公式如前文所述)。一旦用这种方式表达,对误差函数和梯度下降函数运用一些微积分运算,得到矩阵 U 和 V 中每个向量的更新公式如下:

$$u_i \leftarrow u_i + \gamma(e_{ij}v_j - \lambda u_i)$$
$$v_j \leftarrow v_j + \gamma(e_{ij}u_i - \lambda v_j)$$

在本例中，$e_{ij} = p_{ij} - \sum u_{if} \cdot v_{fj}$ 表示下标为 i, j 的矩阵值的误差。请注意，在算法开始之前，矩阵 U 和 V 的初始值可以随机设置为 -0.1 到 0.1 之间的值。通过 ALS 方法，由于矩阵 U 和 V 在每次迭代中都是固定的，所以 U 和 V 中的所有行都可以在每次迭代中并行更新。implicit 库很好地利用了这一事实，为这些更新创建了大量线程或者使用现代 GPU 上可用的大规模并行化。有兴趣的读者可以参考 Koren 等人发表在 IEEE 的《计算机》期刊上的论文（*Koren，Yehuda，Robert Bell，and Chris Volinsky，Matrix factorization techniques for recommender systems，Computer Vol. 42，no. 8，pp. 42 - 49，2009*，https://www.computer.org/csdl/mags/co/2009/08/mco2009080030-abs.html），可以更多地了解 ALS 算法，也可以参阅 Ben Frederickson 关于 implicit 库的实现说明（https://www.benfrederickson.com/matrix-factorization/）。

一旦找到了矩阵 U 和 V，我们就可以通过查找与查询商品向量的点积（余弦相似度）最大的商品向量来找到与查询商品最相似的商品。

同样地，为了向某个用户推荐商品，我们取该用户的向量，然后找到与其点乘的值最大的商品向量。因此，矩阵分解使得推荐变得简单直观：要找到相似的商品，取该商品的向量并找到与其最相似的向量所对应的商品。要为某个用户推荐商品，取该用户的向量并找到最相似的商品向量即可。用户和商品向量都有 50 个值，因为它们都是用隐因子来表示。因此它们具有可比性。正如上文提到的，我们可以认为这些隐因子表示的是音乐流派，所以一个用户向量可以表示出该用户对每种音乐流派的偏好程度，一个商品向量也可以表示出该商品与每种音乐流派之间的匹配程度。如果两个用户-商品或商品-商品向量之间有相同的类型组合，那么它们就是相似的。

通常我们希望找到前 3 个或 10 个最相似的向量。这个过程称为最近邻搜索，因为我们想在一组向量中找到最相近的（最大相似度）的值。一个简化的最近邻搜索算法需要将查询向量与其他所有的向量进行比较，但是像 faiss 这样的库可以提前建立索引，极大加速了搜索过程。幸运的是，implicit 库提供了对 faiss 库，以及其他高效最近邻搜索库的支持。如果并未安装上述库（例如 faiss），implicit 库也提供了一个标准的最近邻搜索方法。

部署策略

我们将构建一个简单的推荐系统，它可以容易地集成到现有平台中。我们的推荐系统将部署为一个独立的 HTTP AIP，它拥有自己的购买记录（或用户点击历史、收听历史等）内存，这些信息会定期地存储到硬盘中。为了简化问题，我们不会在代码中使用数据库。该 API 可以为特定用户和类似商品提供推荐。它也可以跟踪推荐的准确率，这部分内容会在"持续评估"一节进一步解释。

大部分推荐系统的功能都由 Ben Frederickson 开发的 implicit 库（https://github.com/benfred/implicit）来实现，之所以这样命名，是因为它需要根据隐性反馈（implicit feedback）计算得出推荐。这个库也支持 ALS 算法来计算之前介绍的矩阵分解。它可以使用内部提供的最近邻搜索，如果安装了 faiss 和其他库，它也提供了支持。

implicit 库和 ALS 算法一般用于批量模型更新。"批量"在此的含义是，算法需要预先知道所有的用户-商品信息，然后从头开始构建分解矩阵。

批量模型训练通常需要大量的处理时间（至少它不能实时完成，即几毫秒内），所以必须提前完成或者利用一个单独的处理线程作为实时推荐生成。一个可以代替批量训练的方法是在线模型训练，模型可以实时扩展。推荐系统通常无法支持在线训练的原因是，矩阵分解必须预先知道完整的用户-商品矩阵。当矩阵被分解为用户和商品因子矩阵后，再对矩阵 *U* 和 *V* 增加新的行和列，或者根据用户的购买记录更新其中的值都是非常困难的。矩阵中其他所有值都需要更新，这就导致了一次新的矩阵分解。然而，一些研究人员为在线矩阵分解提供了好办法（*Google news personalization：scalable online collaborative filtering，Das，Abhinandan S.，Mayur Datar，Ashutosh Garg，and Shyam Rajaram，in Proceedings of the 16th international conference on World Wide Web，pp. 271 -280，ACM，2007，* https://dl.acm.org/citation.cfm? id= 1242610）。另外也开发出了不需要使用矩阵分解的替代方法，例如 Google News 使用的推荐系统（*Google news personalization：scalable online collaborative filtering，Das，Abhinandan S.，Mayur Datar，Ashutosh Garg，and Shyam Rajaram，in Proceedings of the 16th international conference on World Wide Web，pp. 271 -280，ACM，2007，* https:// dl.acm.org/

citation.cfm? id= 1242610),Google News 必须连续处理新用户和新商品(新鲜发布的新闻文章)。

为了模拟在线模型更新过程,我们的系统会定期地对推荐模型进行批量重训练。幸运的是,implicit 库的运行十分快速,对于 10^6 级的用户和商品,模型训练最多只需要几秒钟。大部分时间都花在将购买记录的 Python 列表收集到 implicit 库所需的 NumPy 矩阵中。

我们还使用流行的 Flask 库(http://flask.pocoo.org)来提供 HTTP API。我们的API 支持下列请求:

- /purchased (POST):其参数包括用户 ID、用户名、商品 ID、商品名。我们只需要用户名和商品名用于日志记录,它们对于生成协同过滤的推荐不是必需的。

- /recommend (GET):其参数包括用户 ID、商品 ID。商品 ID 是当前用户正在查看的商品。

- /update- model (POST):没有参数。这个请求对模型进行重新训练。

- /user- purchases (GET):其参数是用户 ID。这个请求是为了调试,以查看该用户所有的购买记录(或点击历史、用户喜好等)。

- /stats (GET):没有参数。这个请求是为了持续评估,在后续章节中会详细介绍。

尽管我们的 API 适用于购买记录,但它也可以用于跟踪其他任何类型的隐性反馈,例如点击历史、喜好、收听历史等。

我们使用一些全局变量来跟踪多种数据结构。由于 Flask HTTP 服务器支持多个并发连接,故我们使用一个线程锁更新这些穿插在不同请求中的数据结构:

```
model = None
model_lock = threading.Lock()
purchases = {}
purchases_pickle = Path('purchases.pkl')
userids = []
userids_reverse = {}
usernames = {}
productids = []
productids_reverse = []
```

```
productnames = {}
purchases_matrix = None
purchases_matrix_T = None
stats = {'purchase_count': 0, 'user_rec': 0}
```

model 变量保存训练好的模型（implicit 库中 FaissAlternatingLeastSquares 类的一个对象），model_lock 保护对模型和许多其他局部变量的写访问。purchases_matrix 和 purchases_matrix_T 变量保存购买记录的原始矩阵及其转置矩阵。purchases 词典保存用户的购买记录，它的键是 userids，它的值是另一个词典，这个词典的键是 productid，值是用户-商品购买数量（整数）。每当模型更新时，使用 pickle 库和 purchases_pickle 所引用的文件将该词典保存到磁盘。为了为特定用户生成推荐或找到与某商品最相似的商品，我们需要从 userid 到矩阵行向量和从 productid 到矩阵列向量的映射关系。我们还需要一个反向映射。除此以外，为了记录日志，我们希望看到用户名和商品名，所以我们有一个从 userids 到用户名以及从 productids 到商品名的映射。userids、userids_reverse、usernames、productids、productids_reverse 和 productnames 变量保存了这些信息。最后，stats 词典保存了在评估中使用的数据，用于跟踪推荐系统的准确率。

/purchased 请求非常简单。忽略后面我们会讲到的持续评估代码，我们只需要更新用户的购买记录：

```
@app.route('/purchased', methods=['POST'])
def purchased():
global purchases, usernames, productnames
userid = request.form['userid'].strip()
username = request.form['username'].strip()
productid = request.form['productid'].strip()
productname = request.form['productname'].strip()
with model_lock:
  usernames[userid]
  productnames[productid] = productname
  if userid not in purchases:
    purchases[userid] = {}
  if productid not in purchases[userid]:
    purchases[userid][productid] = 0
  purchases[userid][productid] += 1
return 'OK\n'
```

接下来,我们有一个简单的 /update-model 请求,它调用 fit_model 函数:

```
@app.route('/update- model', methods= ['POST'])
def update_model():
  fit_model()
  return 'OK\n'
```

现在来看令人关注的代码。fit_model 函数会更新几个全局变量,然后将购买记录保存到文件中:

```
def fit_model():
  global model, userids, userids_reverse, productids,\
productids_reverse, purchases_matrix, purchases_matrix_T
  with model_lock:
    app.logger.info("Fitting model...")
    start =  time.time()
    with open(purchases_pickle, 'wb') as f:
      pickle.dump((purchases, usernames, productnames), f)
```

接下来,我们创建一个新的模型对象。如果并未安装 faiss 库(只安装了 implicit 库),可以使用下面这行代码:

```
model =  AlternatingLeastSquares(factors= 64, dtype= np.float32)
```

如果安装了 faiss 库,最近邻搜索会非常快。那么我们可以使用下面这行代码:

```
model =  FaissAlternatingLeastSquares(factors= 64, dtype= np.float32)
```

其中,factors 参数给出了因子矩阵的大小。因子越多,模型越大,但更大的模型并不一定有更高的准确率。

接下来需要构建一个用户-商品矩阵。我们将遍历用户购买记录(通过调用 /purchased 构建)以构建具有相同数量元素的三个列表:购买商品数量、用户 ID 和商品 ID 。我们用这三个列表构造矩阵,原因是这是一个稀疏矩阵(其中很多值是空值,即 0),因为大多数用户不会购买大多数商品。我们可以通过跟踪非零值来节省相当大的内存空间:

```
data =  {'userid':[], 'productid':[], 'purchase_count':[]}
for userid in purchases:
  for productid in purchases[userid]:

    data['userid'].append(userid)
```

```
data['productid'].append(productid)

data['purchase_count'].append(purchases[userid][productid])
```

这些列表包含 userids 和 productids。我们需要将它们转换成整数 ID，以便 faiss 库进行处理。我们可以使用 pandas 库的 DataFrame 类生成"categories"，即 userids 和 productids 的整数编码。同时，我们保存反向映射：

```
df = pd.DataFrame(data)
df['userid'] = df['userid'].astype("category")
df['productid'] = df['productid'].astype("category")
userids = list(df['userid'].cat.categories)
userids_reverse = dict(zip(userids, list(range(len(userids)))))
productids = list(df['productid'].cat.categories)
productids_reverse = \
dict(zip(productids, list(range(len(productids)))))
```

现在我们可以借助 SciPy 库的 coo_matrix 构造函数来创建用户-商品矩阵。此函数使用购买商品数量、用户 ID 和商品 ID（在将 userid 和 productid 转换为整数之后）的列表来创建一个稀疏矩阵。注意，此时我们实际上是在生成商品-用户矩阵而不是用户-商品矩阵，这是由于 implicit 库的独特性：

```
purchases_matrix = coo_matrix(
(df['purchase_count'].astype(np.float32),
(df['productid'].cat.codes.copy(),
df['userid'].cat.codes.copy())))
```

现在我们使用 implicit 库提供的 BM25 加权函数算法重新计算矩阵值：

```
purchases_matrix = bm25_weight(purchases_matrix, K1= 1.2, B= 0.5)
```

我们还可以生成商品-用户矩阵的转置矩阵，这样可以得到用户-商品矩阵，从而为特定用户寻找推荐商品。由 implicit 库设置该矩阵结构的配置（用户为行向量、商品为列向量，或者商品为行向量、用户为列向量）——理论上并没有对矩阵结构的特别要求，只要所有相应的函数在如何使用它方面达成一致：

```
purchases_matrix_T = purchases_matrix.T.tocsr()
```

最后，我们用交替最小二乘法来拟合模型：

```
model.fit(purchases_matrix)
```

/recommend 请求生成针对特定用户的推荐和相似产品推荐。首先,我们检查该用户或商品是否已知。用户或商品很有可能是未知的,所以要等待模型更新:

```
@app.route('/recommend', methods=['GET'])
def recommend():
  userid = request.args['userid'].strip()
  productid = request.args['productid'].strip()
  if model is None or userid not in usernames or \
productid not in productnames:

    abort(500)
  else:

    result = {}
```

如果用户和商品已知,我们可以生成一个包含两个键的结果: user- specific 和 prod- uct- specific。对于针对特定用户的推荐,我们可以调用 implicit 库的 recommend 函数来实现。返回值是一个产品索引列表,我们可以通过这些索引找到商品 ID 和名称以及置信度(余弦相似度):

```
result['user- specific'] = []
for prodidx, score in model.recommend(
userids_reverse[userid], purchases_matrix_T, N= 10):
  result['user- specific'].append(
(productnames[productids[prodidx]],
productids[prodidx], float(score)))
```

对于针对特定商品的推荐,我们调用 implicit 库的 similar_items 函数来实现,并且跳过请求中提到的商品,这样就不会推荐用户正在查看的相同商品:

```
result['product- specific'] = []
for prodidx, score in model.similar_items(
productids_reverse[productid], 10):
  if productids[prodidx] ! = productid:
    result['product- specific'].append(
(productnames[productids[prodidx]], productids[prodidx],

  float(score)))
```

最后,我们返回一个 JSON 格式的结果:

```
return json.dumps(result)
```

使用 Flask 来启动 HTTP API：

```
export FLASK_APP= http_api.py
export FLASK_ENV= development
flask run - - port= 5001
```

在 Last.fm 数据集（将在稍后详述）上训练一段时间后，我们可以查询相似的艺术家。表 4-2展示了一些示例艺术家以及与他们最相似的 3 位艺术家。与图 4-2 中的散点图一样，这些相似度是仅根据用户的收听模式来计算的。

表 4-2　艺术家推荐示例

查询艺术家	相似艺术家	相似度
The Beatles	The Rolling Stones	0.971
	The Who	0.964
	The Beach Boys	0.960
Metallica	Iron Maiden	0.965
	System of a Down	0.958
	Pantera	0.957
Kanye West	Lupe Fiasco	0.966
	Jay - Z	0.963
	Outkast	0.940
Autechre	Aphex Twin	0.958
	AFX	0.954
	Squarepusher	0.945
Kronos Quartet	Philip Glass	0.905
	Erik Satie	0.904
	Steve Reich	0.884

在 Amazon 数据集上训练一段时间后（将在稍后详述），我们可以为某个用户来推荐商品。

对于一个购买过 *Not for Parents：How to be a World Explorer*（*Lonely Planet Not for Parents*）这本书的用户，我们会为其推荐下面两本书，以及其他商品（例如香皂和意大利面）：

- 相似度：0.74——*Lonely Planet Pocket New York*（*Travel Guide*）
- 相似度：0.72——*Lonely Planet Discover New York City*（*Travel Guide*）

有趣的是，这些推荐商品似乎只来自于之前购买过 *Not for Parents* 这本书的用户。快速检查数据集后可以发现，购买过这本书的其他用户也购买了 *Lonely Planet* 系列的其他书籍。但是出人意料的是，该用户最终购买了 *Lonely Planet Discover Las Vegas*（*Travel Guide*），然而这本书并没有被推荐（因为系统在训练模型时所使用的数据集中并没有其他用户购买过这本书的记录）。

在另一个例子中，系统推荐了 *Wiley AP English Literature and Composition*，可能是基于该用户曾经购买过 *Wiley AP English Language and Composition* 这本书。

在一种最奇怪的情况下，系统推荐了如下商品并给出了相似度评分：

- 相似度：0.87——*Barilla Whole Grain Thin Spaghetti Pasta，13.25 Ounce Boxes*（*Pack of 4*）
- 相似度：0.83——*Knorr Pasta Sides，Thai Sweet Chili，4.5 Ounce*（*Pack of 12*）
- 相似度：0.80——*Dove Men ＋ Care Body and Face Bar，Extra Fresh，4 Ounce，8 Count*
- 相似度：0.79——*Knorr Roasters Roasting Bag and Seasoning Blend for Chicken，Garlic Parmesan，and Italian Herb，1.02 Ounce Packages*（*Pack of 12*）
- 相似度：0.76——*Barilla Penne Plus，14.5 Ounce Boxes*（*Pack of 8*）
- 相似度：0.75——*ANCO C -16 -UB Contour Wiper Blade -16"，*（*Pack of 1*）

不考虑意大利面、雨刮器和香皂，它们都是非常奇怪的推荐。然而在推荐商品生成时，该用户事实上购买雨刮器。检查数据集后可以发现，雨刮器在购买记录中是很常见的，而且其中一个购买过 *Lonely Planet* 丛书的用户也购买过雨刮器，令人感到好奇。

这些示例表明推荐系统能够发现用户和商品表面上不明显的相似性。系统也可以根据用户的购买（或收听）历史来识别相似的商品。下一小节中，我们将重点讨论该系统在实际应用中工作得如何。

持续评估

评估推荐系统有两种方式:离线评估和在线评估。离线评估方法也被称作批量评估,用户的购买记录会被划分为随机子集,一个较大的训练子集(通常占总数据量的 80%)和一个较小的测试子集(通常占总数据量的 20%)。基于 80% 数据量的训练集使用矩阵分解方法构建推荐模型。

接下来,使用这个训练好的模型,测试子集中的每条记录都会根据该模型进行评估。如果模型预测一个用户会购买某个商品并给出了较高的置信度,而在测试集中该用户确实购买了该商品,称之为"真正例"(True Positive,TP)。如果模型预测了购买但是用户并没有购买该商品,称之为"假正例"(False Positive,FP)。如果模型没有预测到购买,称之为"假负例"(False Negative,FN)。如果模型预测用户不会购买某商品而且用户确实没有购买该商品,称之为"真负例"(True Negative,TN)。通过这些真/假正/负例的数量,我们可以计算出精确度(precision)和召回率(recall)。

精确度是 $TP/(TP+FP)$,换句话说,它是模型预测中真正发生的购买次数占模型预测的总购买次数的比例。召回率是 $TP/(TP+FN)$,即模型预测的真正发生的购买次数的比例。当然,我们希望这两个指标都很高(接近 1.0)。通常情况下,精确率和召回率是一种权衡:通过提高系统预测购买行为的可能性(即降低其所需的置信水平),我们可以以精确度为代价获得更高的召回率。通过更具判别力,我们可以降低召回率,同时提高精确度。是选择高精确度还是高召回率取决于应用程序和业务用例。例如,高精确度、低召回率将确保显示的几乎所有推荐商品都被用户购买,这样可以给人一种推荐系统非常有效的印象,同时如果推荐更多的商品,用户也可能会购买更多商品。

另一方面,高召回率、低精确度可能导致向用户展示更多的推荐商品,而其中的一些并不会被用户购买。通过调节范围,推荐系统会给出过多或过少的推荐。每一个应用需要找到它的理想折中,这通常是通过在线试错和在线评估达到的,后文我们会详细介绍。

另一种经常用于显性反馈(例如来自商品评价的数值评分)的离线方法是**均方根误差(Root**

Mean Square Error，RMSE），计算如下：

$$E = \sqrt{\left(\frac{1}{N}\right) \sum (\hat{r}_i - r_i)^2}$$

在这里，N 是测试子集中评分的数量，$\hat{r}_i$ 是模型预测的评分，r_i 表示实际评分。这个指标越低越好。这个指标和上文中提到的矩阵分解技术的优化标准很类似。矩阵分解优化的目标是通过寻找近似原始用户–商品矩阵 P 的最优矩阵 U 和 V 来最小化平方误差。

因为我们感兴趣的是隐性评分（1.0 或 0.0）而不是显性的数值评分，所以精确度和召回率是比均方根误差更适合的指标。接下来，我们介绍如一种计算精确度和召回率的方法，以确定数据集的最优 BM25 算法参数。

为 BM25 加权算法计算精确度和召回率

作为一种离线评估方法，接下来我们看看采用不同的 BM25 算法参数，针对 MovieLens 数据集（https://grouplens.org/datasets/movielens/20m/）计算精确度和召回率。这个数据集包含了 2 000 万个评分，评分值在 1 至 5 之间，是 13.8 万个用户对上千部电影的评分。我们会将这些评分转变为隐性数据，其中，将任何高于或等于 3.0 的评分视为正面的隐性反馈，将任何低于 0.3 的评分视为不存在的反馈。如果这样做，我们最终会得到大约 1 000 万个隐性数据。implicit 库自带了这个数据集：

```
from implicit.datasets.movielens import get_movielens
_, ratings = get_movielens('20m')
```

忽略 get_movielens() 函数的第一个返回值，它表示电影标题，因为我们不需要用到电影标题。

我们的目标是研究 BM25 算法不同的参数对精确度和召回率产生的影响。我们会对几个 BM25 算法参数和一个置信度参数的组合进行迭代。这个置信度参数将会决定一个预测分数是否足够高，以预测某个用户对某个电影有正面评价。在其他条件相同的情况下，低置信度参数应该比高置信度参数产生更多的假正例。我们将输出保存到一个 CSV 文件中。首先打印出列标题，然后迭代每一个参数组合。我们还将针对每个组合重复多次以取得平均值：

```
print("B,K1,Confidence,TP,FP,FN,Precision,Recall")
confidences = [0.0, 0.2, 0.4, 0.6, 0.8]
for iteration in range(5):
  seed = int(time.time())
  for conf in confidences:
    np.random.seed(seed)
    experiment(0.0, 0.0, conf)
    for conf in confidences:
      np.random.seed(seed)
      experiment("NA", "NA", conf)
    for B in [0.25, 0.50, 0.75, 1.0]:
      for K1 in [1.0, 3.0]:
        for conf in confidences:
          np.random.seed(seed)
          experiment(B, K1, conf)
```

因为在 BM25 算法中 $B=0$ 等同于 $K_1=0$，所以在 B 和 K_1 的其中一个等于 0 时，不需要再进行迭代。此外，我们将试验 $B=K_1=$ NA 时的情况，也就是 BM25 算法无参数的情况。

我们将随机地隐藏（删除）一些评分，然后再次尝试预测这些评分。我们不希望不同的参数组合隐藏不同的随机评分。相反，我们希望确保在相同的情况下测试每个参数组合，如此才有可比性。只有当我们在一次新的迭代过程中重新测试所有参数时，我们才希望选择一个不同的随机隐藏评分的子集。因此，我们在每次迭代开始时设置一个随机种子，然后在每次实验之前使用相同的随机种子。

`experiment` 函数接收实验相关的参数。这个函数需要加载数据，随机隐藏其中的一些数据，训练一个推荐模型，然后预测用户子集对电影子集的隐性反馈。最后，它需要计算精确度和召回率并以 CSV 格式打印该信息。

在开发这个函数的过程中，我们用到一些 NumPy 库的特性。因为我们有一个相对较大的数据集，所以我们要不惜一切代价地避免任何操纵数据的 Python 循环。Numpy 使用**基本线性代数子程序（Basic Linear Algebra Subprograms，BLAS）**来高效地计算点积和矩阵乘法，可能使用了并行技术（正如 OpenBLAS 那样）。我们应该尽可能多地使用 Numpy 数组函数以达到高效计算的目的。

首先加载数据集，然后将数值评分转换成隐性评分：

```
def experiment(B, K1, conf, variant='20m', min_rating=3.0):
```

```
# 读入输入数据文件
_, ratings = get_movielens(variant)
ratings = ratings.tocsr()

# 移除小于 min_rating 的内容，并通过只将评分视为一种二元偏好来转换为隐性数据集
ratings.data[ratings.data < min_rating] = 0
ratings.eliminate_zeros()

ratings.data = np.ones(len(ratings.data))
```

3.0 以上的评分非常少。转换为隐性评分后,矩阵中只有 0.05％的非零值。因此,我们使用 SciPy 库提供的稀疏矩阵方法来处理。有不同的稀疏矩阵数据结构:**压缩稀疏行矩阵** (**Compressed Sparse Row Matrix,CSR**)和**基于行的链表稀疏矩阵**(**Row-based Linked-list Sparse Matrix,LIL**)。CSR 格式允许我们以值的线性数组的形式直接访问矩阵中的数据。我们将所有的隐性分数设置为 1.0 来构造矩阵。

接下来,我们需要隐藏一些评分。为此,我们在改变评分矩阵之前先为其创建一个副本。因为要删除评分,所以将矩阵转化为 LIL 格式以便有效地删除行:

```
training = ratings.tolil()
```

下面我们随机选择一些电影和用户。这些是我们将重置为 0 的行/列位置,以隐藏一些稍后将用于评估的值。请注意,由于数据的稀疏性,这些行/列值中的大多数已经为 0:

```
movieids = np.random.randint(
low= 0, high= np.shape(ratings)[0], size= 100000)
userids = np.random.randint(
low= 0, high= np.shape(ratings)[1], size= 100000)
```

现在把这些评分重置为 0:

```
training[movieids, userids] = 0
```

接下来,我们设置 ALS 模型并关闭一些我们不会使用的特性:

```
model = FaissAlternatingLeastSquares(factors= 128, iterations= 30)
model.approximate_recommend = False
model.approximate_similar_items = False
model.show_progress = False
```

如果参数 B 和 K_1 存在(也就是说,它们不为 NA),我们应用 BM 25 加权算法:

```
    if B ! =  "NA":
      training =  bm25_weight(training, B= B, K1= K1)
```

现在训练模型：

```
model.fit(training)
```

模型训练好以后，我们要为删除的评分生成预测。我们不希望使用模型的推荐函数，因为我们不需要进行最近邻搜索。相反，我们只想要这些缺失值的预测结果。

回想一下，ALS 方法使用矩阵分解来生成一个商品-因子矩阵和一个用户-因子矩阵（在这里，是电影-因子矩阵和用户-因子矩阵）。这些因子是隐因子，在一定程度上代表了电影类型。我们使用的模型构造器定义有 128 个因子。因子矩阵可以通过模型获得：

```
model.item_factors #  矩阵, 大小为：(电影的数量, 128)
model.user_factors #  矩阵, 大小为：(用户的数量, 128)
```

假设我们想要预测用户 j 对电影 i 的评分。那么，model.item_factors[i] 是一个有 128 个值的一维数组，model.user_factors[j] 也是一个有 128 个值的一维数组。我们可以对这两个向量使用点乘来得到预测评分：

```
np.dot(model.item_factors[i], model.user_factors[j])
```

然而我们想要查看大量的用户/电影组合的评分，实际上是 100 000 个。使用 Python 时，我们必须避免在 for() 循环中运行 np.dot()，因为这样的操作极其低效。幸运的是，NumPy 库提供了一个（名字很奇怪的）einsum 函数，用于使用爱因斯坦求和约定（也称为爱因斯坦标记法）进行求和。这个标记法允许我们先收集大量商品因子和用户因子，再两两计算点积。如果不用这个标记法，NumPy 库会认为我们正在执行矩阵乘法，因为输入的是两个矩阵。但是，我们想要收集 100 000 个单独的商品因子，生成一个二维数组，大小为 (100 000,128)，以及 100 000 个单独的用户因子，生成另一个大小相同的二维数组。如果我们要执行矩阵乘法，则需要转置第二个矩阵（大小变为(128,100 000)），最后得到的是一个大小为 (100 000,100 000) 的矩阵，这个矩阵要占用 38 GB 的内存。对于这样一个矩阵，我们只需要对角线上的 100 000 个值，所以做所有的工作和矩阵相乘消耗的内存是一种浪费。使用爱因斯坦标记法，我们可以指定两个二维矩阵为输入，但是我们想要点乘操作是按行进行的：ij,ij-> i。前两个值 ij 表示两个输入值的格式，箭头后面的值表示计算点积时要如何对它们进行分组。i 表示它们应该按第一维进行分组。如果是 j,那么就表示按列而不是按行计算出点积。如果是 ij,那么返回值为点积的结果(即返回自身的值)。在 Numpy 库中,我们写入:

```
moviescores = np.einsum('ij,ij- > i', model.item_factors[movieids],
model.user_factors[userids])
```

计算结果是 100 000 个预测评分,每一个都是我们加载数据集时隐藏起来的评分。

接下来,我们使用一个置信度阈值来获取布尔预测值:

```
preds = (moviescores > = conf)
```

我们还需要获取原始(真实)值。我们使用 ravel 函数返回一个与 preds 布尔数组大小相同的一维数值:

```
true_ratings = np.ravel(ratings[movieids,userids])
```

现在我们可以计算 TP、FP 和 FN 的值了。对于 TP ,我们检查预测评分为 True 且真实评分为 1.0。这是通过将模型预测评分为 1.0 的那些位置记录下来,然后将这些位置上对应的真实评分进行求和操作来实现的。也就是说,我们使用布尔 preds 数组,从中获取位置来从 true_ratings 数组中得到真实评分。因为真实评分为 1.0 或 0.0,一个简单的求和操作就可以获知其中评分为 1.0 的总数:

```
tp = true_ratings[preds].sum()
```

对于 FP,我们想知道有多少被预测为 1.0 的评分是错误的,即真实评分应该为 0.0。这很简单,我们只需要计算有多少个评分被预测为 1.0,然后减去 TP 值,就得到了所有不真实的“正例”(1.0 分)预测:

```
fp = preds.sum() - tp
```

最后,对于 FN ,我们计算真实评分为 1.0 的数量,然后减去我们预测正确(TP)的评分数。这样做可以得到那些真实评分为 1.0 但我们没有预测到的评分数:

```
fn = true_ratings.sum() - tp
```

现在我们只需要计算精确度和召回率,然后打印出统计数据:

```
if tp+ fp ==  0:
  prec =  float('nan')
else:
  prec =  float(tp)/float(tp+ fp)
if tp+ fn ==  0:
  recall =  float('nan')
else:
  recall =  float(tp)/float(tp+ fn)
if B ! =  "NA":
  print("%.2f,%.2f,%.2f,%d,%d,%d,%.2f,%.2f" %  \
(B, K1, conf, tp, fp, fn, prec, recall))
else:
  print("NA,NA,%.2f,%d,%d,%d,%.2f,%.2f" %  \
(conf, tp, fp, fn, prec, recall))
```

图 4 – 3 展示了实验结果。从图中可以看到，精确度和召回率之间的权衡。最佳的位置在右上方，在这里精确度和召回率都很高。对于给定的 B 和 K_1 参数，置信度参数决定了精确度和召回率之间的关系。较大的置信度参数为预测 1.0 评分设定了较高的阈值，所以会产生较高的精确度和较低的召回率。对于每个 B 和 K_1 参数的组合，我们可以使用不同的置信度值，然后画出折线图。通常情况下，我们采用的置信度值的范围是 $0.25 \sim 0.75$，但是看看更大范围的置信度值的影响是有指导意义的。图 4 – 3 中，我们在实线的右侧标记了不同的置信度值。

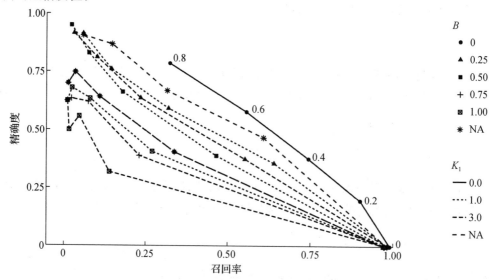

图 4 – 3　不同参数的 BM25 加权算法在 MovieLens 数据集上的精确度-召回率曲线

我们可以看到不同的 B 和 K_1 值会有不同的性能。事实上,当 $B = K_1 = 0$ 且置信度为 0.50 时,我们获得了最佳性能。使用这些 B 和 K_1 值,BM25 算法有效生成 IDF 值。这告诉我们,在这个数据集中,预测隐性评分最准确的方式就是只考虑用户的评分数量。因此,如果这个用户积极评价很多电影的评分,他或她很有可能也会给这部电影一个积极的评分。奇怪的是,尽管使用 IDF 值使用原始的 1.0/0.0 评分已经好了很多(即不使用 BM25 加权算法,由图中标记为"N/A"的折线表示),但 BM25 加权算法并没有为这个数据集提供太多的值。

在线评估推荐系统

本章中,我们主要感兴趣的是在线评估。在之前的内容中,离线评估关心的是推荐系统是否能够预测某个用户将来是否会购买某个商品。另一方面,在线评估方法衡量的是系统预测用户的下一次购买行为的能力。这个指标类似于广告或其他类型链接的点击率。每当一个购买记录被注册,我们的系统就会询问向用户展示哪些特定于用户的推荐(或本应该被展示的),然后跟踪该用户购买推荐商品的频率。我们会计算出用户购买推荐商品与其所有购买行为的比率。

我们会更新 /purchased API 请求来计算用户购买的商品是否在向该用户推荐的前 10 个商品之列。但在此之前,我们先进行条件检查。首先,我们检查是否存在训练好的模型(即 /update- model 是否被调用过)。其次,我们检查该用户或该商品是否已知。如果这个检查没有通过,那么系统不可能向用户推荐商品,因为系统要么不知道这个用户(在矩阵 U 中无法找到对应该用户的向量),要么不知道这个商品(在矩阵 V 中无法找到对应该商品的向量)信息。我们不应该因为系统没有向用户推荐或推荐它一无所知的商品而惩罚它。我们还会检查该用户是否购买了至少 10 个商品来保证我们有足够的用户信息来进行推荐,而且我们要检查系统是足够自信地给出推荐商品。如果系统一开始就对这些推荐没有信心,我们不应该因为它给出的糟糕推荐而惩罚它:

```
# 检查我们是否已经知道这个用户和商品以及我们是否已经推荐了这个商品
if model is not None and userid in userids_reverse and \
productid in productids_reverse:
    # 检查我们是否有足够多关于此用户的购买记录来考虑推荐商品
    user_purchase_count =  0
    for productid in purchases[userid]:
```

```
    user_purchase_count += purchases[userid][productid]
  if user_purchase_count >= 10:
    #  如果我们计算出一个可信的推荐,保持跟踪
    confident = False
    #  检查该商品是否作为特定于用户的推荐而被推荐
    for prodidx, score in model.recommend(
  userids_reverse[userid], purchases_matrix_T, N= 10):
      if score >= 0.5:
        confident = True
        #  检查我们是否找到匹配商品
        if productids[prodidx] == productid:
          stats['user_rec'] += 1
          break
    if confident:
      #  记录我们有信心找到匹配商品的事实
      stats['purchase_count'] += 1
```

我们使用两个数据集来演示系统性能:Last.fm 收听历史和 Amazon.com 购买记录。事实上,Amazon 数据集包括了并未购买商品的用户的评论,但是我们会将每条评论都视为购买证据。

Last.fm 数据集(https://www.dtic.upf.edu/~ ocelma/MusicRecommendation-Dataset/lastfm‑360K.html)包含了每个用户对每位音乐艺术家的歌曲的收听次数。进行在线评估时,我们需要模拟一定时间段内的用户收听行为。因为数据集中并没有包含用户收听音乐的具体时间,我们将随机生成收听序列。我们取出每个用户‑收听数并生成相同数量的单次收听。如果用户 X 总计收听了 100 次 Radiohead,那么对用户 X,我们生成 100 个单次收听 Radiohead 的记录。然后我们随机打乱这些对所有用户生成的记录,并通过/purchased 请求将它们一次一个地提供给 API。对于每 10 000 次收听,我们更新一次模型并记录关于收听次数和正确推荐的统计数据。图 4‑4 的左侧展示了当推荐艺术家 Y 时,有多少次用户真的收听了艺术家 Y 的歌曲,以百分比的形式给出。我们可以看到,在最初的模型构建阶段后,推荐的准确率开始下降。这是过拟合的现象,可以通过调节这个数据集的 BM25 加权算法的参数(K_1 和 B)或者改变隐因子的数量来解决。

Amazon 数据集(http://jmcauley.ucsd.edu/data/amazon/)包含了商品评论以及相应的时间戳。我们忽略具体的评分(有些甚至非常低),认为每条评论就代表了一次购买行为。我们将这些评论按时间戳排列,并将它们一次一个地提供给 /purchased API。对

于每 10 000 次购买,我们更新一次模型并计算统计数据。图 4 - 4 右侧展示了被购买商品占推荐商品的比率。我们可以看到,模型逐渐学习到了如何推荐商品,最终达到 8% 的准确率。

请注意,在两幅图中,x 轴表示对于系统生成的有信心推荐商品的购买(或收听)次数。这个数值比真实值要小很多,因为如果系统对于用户或商品一无所知,或者没有有信心的推荐商品,系统不会进行推荐。所以相比 x 轴给出的数量,有相当多的数据被处理。此外,与基于 RMSE 或类似指标的其他离线推荐系统的准确率相比,这些百分比(3%~8%)似乎较低。这是因为在线评估衡量的是用户是否购买了当前被推荐的商品,例如广告的**点击率**(**Click - Through Rate,CTR**),而离线评估检查用户是否购买过被推荐的商品。针对 CTR 指标来说,3%~8% 是一个比较高的水平(*Mailchimp*,*Average Email Campaign Stats of MailChimp Customers by Industry*,*March* 2018,https://mailchimp.com/resources/research/email-marketing-benchmarks/):

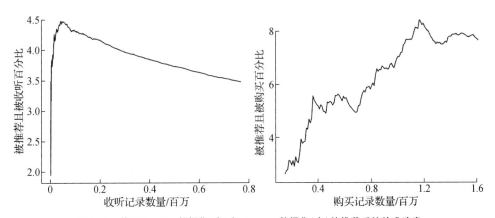

图 4 - 4　基于 **Last.fm** 数据集(左)和 **Amazon** 数据集(右)的推荐系统的准确率

这些在线评估统计数据可以随着时间的推移(例如发生购买行为)而生成。因此,这些数据可以用来提供系统实时的、持续的评估。在第 3 章中,我们开发了一个针对某些话题的情感分析,可以实时更新的统计图。我们可以在此利用相同的技术展示一个推荐系统准确率的实时更新图。利用第 6 章将要介绍的技术,我们可以监测异常或者准确率的突然变化,并且给出预警,让我们可以查明推荐系统或者提供给它的数据中发生了什么变化。

本章总结

本章开发了一个具有广泛用例的推荐系统。我们研究了基于内容的过滤,根据商品名称和描述找到相似的商品,还对协同过滤进行了详细介绍,这个方法考虑的是用户对商品的兴趣,而不是商品的内容。因为我们的重点是隐性反馈,我们的协同过滤推荐系统不需要用户评分或者其他数值来反映用户喜好。只有被动数据采集才能产生足够的知识来生成推荐。这些被动数据包括购买记录、收听历史、用户点击历史等。

我们先收集了用户相关的数据,包括购买记录、收听历史、点击模式,然后使用矩阵分解来表示用户和商品的关系,这样做可以降低数据的维度。implicit 和 faiss 库用于创建有效的推荐系统,而 Flask 库用于创建简单的 HTTP API,该 API 是通用的,可以很容易集成到现有平台中。最后,我们利用 Last.fm 和 Amazon 数据集分析了推荐系统的性能。更重要的是,我们开发了在线评估方法,它使我们可以随着时间的推移去监控推荐系统的性能以检测系统变化,确保系统在运行过程中有较高的准确率。

5

在社交媒体中检测 logo 的蓝图

在人工智能研究和应用的历史中,图像处理是一个相当困难的任务。早期,机器几乎无法用它们的小内存来保存图像,更不用说进行处理了。20 世纪 90 年代至 21 年世纪初,随着廉价硬件、网络摄像头以及新的、改进的处理密集型算法(如特征检测、光流、降维和立体图像的三维重建)的普及,作为人工智能和机器学习领域的一个分支,计算机视觉取得了显著进步。在整个过程中,从图像中提取较好的特征需要一些智慧和运气。例如,如果提供的图像特征不够鲜明,人脸识别算法就无法完成它的工作。用于特征提取的计算机视觉技术包括卷积(例如模糊、扩张和边缘检测等)、主成分分析(用来降低图像的维度)以及角、圆和线检测等。这些特征被提取以后,算法在很短的时间内就可以检查这些特征,从而学习识别不同的人脸、识别目标、追踪车辆等。如果我们仔细观察图像分类的用例,例如将一张照片标记为"猫""狗""船"等,就会发现神经网络经常被使用,这是因为它们能够成功地分类其他类型的数据,如音频和文本。神经网络的输入特征包括图像的颜色分布、边缘方向直方图和空间矩(即图像的方向或明亮区域的位置)。值得注意的是,这些特征是根据图像的像素生成的,但不包含像素本身。直接在一组像素颜色值上运行神经网络而不进行任何特征提取预处理,不会得到令人满意的结果。

最新的深度学习(DL)算法可以自己找出最好的特征,为我们节省了大量的时间,并使我们省去了大量的猜测工作。本章我们将要介绍如何使用深度学习方法来识别照片中的 logo。我们将从 Twitter 上抓取一些软饮料和啤酒的照片进行实验。

在此过程中,我们会介绍神经网络和深度学习的工作机制,并且演示如何使用最先进的开源软件。

在本章中,我们将介绍:

- 如何使用神经网络和深度学习进行图像处理
- 如何使用深度学习应用程序来检测和识别图像中的品牌 logo
- 包含在 TensorFlow 中的 Keras 库以及用于图像分类的 YOLO 工具的使用

机器学习的崛起

首先来看看近来机器学习应用的急剧增长,尤其是在图像处理方面。2016 年,《经济学人》针对始于 2010 年、于 2017 年结束的 ImageNet 大型视觉识别挑战赛(Large Scale Visual Recognition Challenge, ILSVRC),发表了一篇题为 *From not working to neural networking* 的文章(*From not working to neural networking*, *The Economist*, *June 25, 2016*, https://www.economist.com/special-report/2016/06/25/from-not-working-ing-to-neural-networking)。这项竞赛要求研究人员开发一种技术,可以为 1 000 个常用物品的数百万张照片贴上标签。平均而言,人类在 95% 的情况下会正确地给这些照片贴上标签。而图像分类算法,比如我们之前提到的那些,在挑战赛第一年时最高只能达到 72% 的准确率。在 2011 年,算法得到改进,达到了 74% 的准确率。

2012 年,来自多伦多大学的 Krizhevsky、Sutskever 和 Hinton 巧妙地结合了几个现有概念,即**卷积神经网络**(**Convolutional Neural Networks,CNN**)和**最大池化**(**Max Pooling**),并添加了**修正线性单元**(**Rectified Linear Units,ReLUs**),在 GPU 显著提升的运算力支持下,他们构造了具有多"层"结构的神经网络。这些额外添加的网络层导致了"深度学习"这一术语的使起,随之使模型的准确率提升至 85%(*ImageNet classification with deep convolutional neural networks*, *Krizhevsky*, *Alex*, *Ilya Sutskever*, *and Geoffrey E. Hinton*, *in Advances in neural information processing systems*, *pp. 1097-1105, 2012*, http://papers.nips.cc/paper/4824-imagenet-classification-with-deep-convolutional-neuralnetworks.pdf)。在随后的 5 年里,模型基本设计的改变使得准确率达到了 97%,已然超过了人类的表现。深度学习的兴起和人们对机器学习兴趣的恢复

就是从这里开始的。他们关于这种新的深度学习方法的论文 *ImageNet classification with deep convolutional neural networks* 已经被引用了近 29 000 次,而且近年来被引用的次数急剧增加,如图 5 – 1 所示。

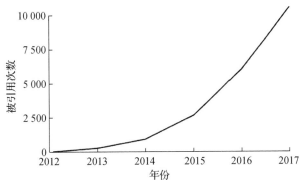

图 5 – 1　根据 Google Scholar 的统计,论文 *ImageNet classification with deep convolutional neural networks* 每年被引用的次数

他们的工作最突出的贡献是展示了如何在完全避免特征提取的同时显著提升性能。深度神经网络完成了这一切:输入是未经任何预处理的图像,输出是预测的分类。工作量更少,准确率更高!更令人惊喜的是,这个方法很快被证明在图像分类之外的许多其他领域也得以施展拳脚。现在,我们使用深度学习方法来解决语音识别、自然语言处理等问题。

最近发表在《自然》杂志上的一篇题为 *Deep learning* 的论文(*Deep learning*,*LeCun*,*Yann*,*Yoshua Bengio*,and *Geoffrey Hinton*,*Nature 521(7553)*,*pp. 436 –444*,*2015*)总结了深度学习的优点:

> 深度学习在解决人工智能社区的最佳尝试遭到抵制的问题上取得了重大进展。事实证明,深度学习非常擅长发现高维数据中的复杂结构,因此适用于科技、商业和政府的许多领域。除了在图像识别和语音识别领域打破纪录之外,深度学习还在预测药物分子潜在活动、分析粒子加速器数据、重建大脑回路以及预测非编码 DNA 突变对基因表达和疾病的影响等方面击败了其他机器学习技术。更令人惊喜的或许是,深度学习在自然语言理解的各种任务中产生了极其令人振奋的结果,尤其是主题分类、情感分析、问答系统和语言翻译。
>
> 我们认为在不远的将来,深度学习会取得更大的成功,因为它只需要极少的手工

工程工作,所以可以轻而易举地利用不断增加的数据量和运算力。目前正在为深
度学习网络开发的新算法和架构会持续加速这一进程。

通过 Google 搜索的趋势(如图 5 - 2 所示),我们可以观察到公众对机器学习和深度学习的
感兴趣程度。显然,自 2012 年以来,我们就处在了一场革命之中。

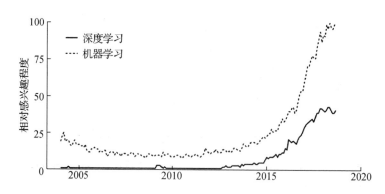

图 5 - 2　Google 搜索引擎中"深度学习"和"机器学习"的搜索频率

(y 轴表示相对感兴趣程度,并非搜索数量,所以最大值是 100%)

这场革命并不仅仅是 2012 年所发表的那篇论文的结果。它更多的是一系列因素组合的结
果中,这些因素令机器学习在过去几年里在多个领域取得了一系列惊人的成果。

首先,从互联网或其他数据源获取了大量的数据集(例如包含数百万张图片的 ImageNet)。
深度学习和其他多数机器学习技术需要大量的样例数据来实现良好的性能。其次,算法被
更新,利用 GPU 从根本上改变了机器学习训练算法的期望。在使用 GPU 之前,使用数百
万张图片来训练神经网络是不可行的,因为这要花费几周甚至数月的时间来计算。然而在
GPU 和新的优化算法的帮助下,同样的任务可以在几个小时内完成。消费级 GPU 的激增
最初是由于电子游戏的发展,随之它们的用途也扩展到了机器学习和比特币开采领域。事
实上,比特币开采对 GPU 的需求在一段时间内极大地影响了 GPU 的价格(*Bitcoin
mining leads to an unexpected GPU gold rush*,*Lucas Mearian*,*ComputerWorld*,*April
2, 2018*,https://www.computerworld.com/article/3267744/computer - hard-
ware/bitcoin - mining - leads - to - anunexpected - gpu - gold - rush.html),
有时会有价格翻倍的现象。

第三,机器学习领域形成了一种共享代码和技术的文化。一些最先进的、工业级别的库都

是开源且易于安装使用的,例如 TensorFlow(https://www.tensorflow.org/)、Py-Torch(https://pytorch.org/)和 scikit-learn(http://scikit-learn.org/stable/)。

研究人员和业余爱好者常常使用这些工具来实现那些最新发表的论文中所介绍的算法,这样就令研究领域外的软件开发人员得以快速使用这些最新的技术。

2017 年 AI Index 的年度报告(http://www.aiindex.org/2017-report.pdf)进一步证明了出版物、学术会议出席情况、风险投资资金、大学课程注册数量以及其他指标的快速增长,表明人们对机器学习和深度学习的兴趣在不断增长。例如:

- 从 2005 年到 2015 年,人工智能领域发表的论文数量增加了两倍多
- 2017 年在美国开发人工智能系统的初创公司的数量是 2000 年的 14 倍
- 本章中将使用的软件 TensorFlow 在 2016 年获得了 20 000 颗 GitHub 星(类似于 Facebook 上的"赞"),到了 2017 年,这个数字增长到了 80 000 多颗

目标和业务用例

社交媒体是了解公众与品牌和商品互动的一个重要途径。所有的现代企业营销部门都拥有一个或多个社交媒体账号,用来发布他们的营销信息和收集公众的反馈,这些反馈可以是用户的点赞数量、提及商品的次数、转发数量等。一些社交媒体服务(例如推特)提供用于关键词搜索的 API,以识别世界各地用户的相关评论。然而,这些关键词搜索仅限于对文字的搜索——搜索到一条包含某品牌图片的推文是不可能的。

但是使用深度学习技术,我们可以制作自己的图像过滤器,从而检测到之前从未被挖掘的社交媒体反馈源。我们将专注于推特,并使用一些通用的关键词搜索来找到带有图片的推文。然后每张图片会被发送到一个自定义分类器,以检测这些图片中是否存在我们感兴趣的 logo。如果发现这样的 logo,这些图片、推文内容以及用户信息会被保存到一个文件中,以备后续处理和趋势分析的使用。

相同的技术也可以在其他包含图片的社交媒体平台使用,例如 Reddit。有趣的是,由于对隐私的担忧,全球最大的图片分享服务 Instagram 在 2018 年末禁止了公共 API 的使用。

这就意味着人们将不再可能在 Instagram 上获得公开分享的照片了。但是,该 API 提供了有限的针对商业 Instagram 账户的信息检索服务,包括被提到的次数、用户的喜欢数量等。

本章将介绍两种识别图片中的 logo 的技术:

1. 第一种技术使用包含在 TensorFlow 中的 Keras 来构建神经网络,用于检测图片中是否包含了一个 logo

2. 第二种技术是使用 YOLO,它让我们可以检测图片中是否存在多个 logo 并给出其在图片中的位置

接下来我们构建一个小型 Java 工具,用来监测推特上的图片,然后将这些图片发送给 YOLO 进行检测和识别。如果找到了一小组 logo 中的一个,我们就将这些推文的相关信息和检测到的 logo 保存到一个 CSV 文件当中。

神经网络与深度学习

神经网络,也被称为人工神经网络,是一种受动物神经元启发的机器学习范式。一个神经网络由多个节点(即神经元),节点之间通过边连接(即突触连接)。通常,这些神经元是分层排列的,层与层之间的神经元是两两连接的。第一层和最后一层分别是输入层和输出层。输入可以是连续的(但是通常归一化到[−1,1]之间)或者二元的,输出通常是二元的或一系列概率值。通过不断地在训练集上进行计算,网络可以被训练。在完整训练集上完成一次训练称为一个"回合"(epoch)。在每个回合,每条边的权重都会被调整,使网络在下一回合中减小预测偏差。我们必须决定何时停止训练,即要执行多少个回合。学习到的"模型"包括网络拓扑和各种权重。

每个神经元都有一组输入值(从上一层的神经元而来或者输入数据)和一个输出值。通过将输入值与其权重进行计算,然后运行一个"激活函数"(activation function),可以得到输出值。尽管有时没有输入值,我们也会添加一个"偏差"(bias)权重来影响激活函数。因此,我们可以用下面的公式来描述单个神经元的行为:

$$y = f(b + \sum w_i x_i)$$

其中,f 表示激活函数(稍后介绍),b 表示偏差值,w_i 表示每条边的权重,x_i 是来自上一层的单个输入或原始输入数据。

如图 5-3 所示,相互连接的神经元构成了一个网络,通常是一个分层结构。输入数据作为第一层神经元的 x_i 值。在一个"密集"(dense)或"全连接"(fully connected)层中,每一个不同的输入值都会被送入下一层的每个神经元中。

同理,这一层中的每个神经元都将输出值送入下一层的每个神经元中。最终,到达神经元的输出层,其中每一个神经元的 y 值被用来确定答案。如图所示,对于输出层的两个神经元,我们选择最大的 y 值作为答案。例如在图片(猫与狗)分类任务中,上面那个神经元表示"猫"类,下面那个表示"狗"。

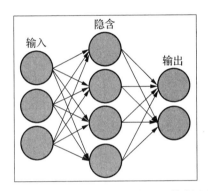

图 5-3　一个简单的全连接神经网络示意图(图片来源:维基百科)

显然,权重和偏差项会影响网络的输出。事实上,这些权重、网络结构以及激活函数是唯一决定神经网络输出的因素。正如我们将看到的,网络可以自动地学习到这些权重。但是网络结构和激活函数必须由设计者决定。

神经网络学习过程在多个回合中反复检查输入,并逐步调整每个神经元相关的权重(和偏差项),以实现更高的准确率。对于每个输入,期望的输出是已知的。输入值进入网络后,我们会收集得到的输出值。如果输出值正确匹配所需的输出,那么就不需要对网络进行调整。如果不匹配,那么就需要调整一些权重。每一次调整的幅度很小,这样不会让网络在训练过程中产生剧烈振荡。这也就是需要几十甚至几百个回合的原因。

激活函数对网络的性能起着至关重要的作用。有趣的是,如果选择恒等函数作为激活函数,那么整个网络的表现就好像它只是一个单层网络,几乎学不到什么实用的东西。最终,研究人员设计出了更复杂的非线性激活函数,从理论上讲,这些激活函数确保网络可以针对不同类型的输入和输出进行学习。网络的表现取决于一系列因素,包括激活函数、网络结构设计和输入数据的质量。在早期的神经网络研究中,一个经常被使用的激活函数是"sigmoid",它也被称为逻辑函数(logistic function),如下所示:

$$f(x) = \frac{e^x}{e^x + 1}$$

虽然这个函数看起来可能不太直观,但是它具有一些特性。首先,它的导数是 $f'(x) = f(x)(1 - f(x))$,计算起来非常方便。导数用来决定在一个回合中,哪些权重要被改变以及要改变多少。此外,这个导数的图形看起来有点像二元判定,对神经元来说非常有帮助,因为根据神经元的输入,我们可以说一个神经元被激活(输出值为 1.0)或者未被激活(输出值为 0.0)。图 5-4 展示了 sigmoid 函数的图形。

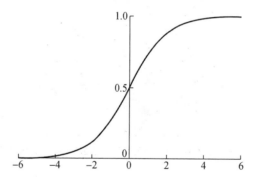

图 5-4　Sigmoid 函数的图形(https://en.wikipedia.org/wiki/Logistic_function)

另一个常用的激活函数是双曲正切函数(也被称为 tanh 函数),相似的,它也具有一个容易计算的导数。图 5-5 展示了该函数的图形。请注意,sigmoid 函数在较低值时趋向于 0,而 tanh 函数趋向于 -1.0。因此,使用 tanh 函数的神经元实际上可以通过给下一层神经元赋值来抑制它们。

在 20 世纪 90 年代到 21 世纪初,神经网络获得了广泛的成功应用。假设我们可以提取正确的特征,这些特征可以用来预测新闻报道的主题、将扫描的文档转为文本、预测贷款违约的可能性等等。但是,图像是难以处理的,因为一定要对像素点进行预处理和特征提取,才能将其作为网络的输入。对于图像来说,更重要的是,像素的区域决定了图像的内容,而不是单个像素点。所以我们需要一种二维的图像处理方式——这是传统上特征提取(例如,

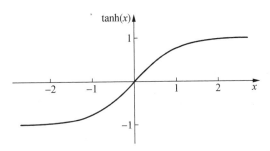

图 5 - 5　双曲正切函数(tanh 函数)的图形(https://commons.wikimedia.org/wiki/Trigonometric_function_plots)

角点检测)的作用。我们还需要多层结构的深度神经网络来提高识别数据中微小差异的能力。但是要训练深度网络是较为困难的,因为在某些层中,权值的更新非常小,这被称为"梯度消失"(vanishing gradient)问题。此外,由于具有数百万的权值,深度网络需要花费较长的时间来训练。

最终,上述问题都被研究人员一一攻破,从而产生了我们现在所知道的"深度学习"(deep learning)。

深度学习

虽然深度学习(DL)可能被认为是一个类似于"大数据"的流行词,但它代表的是神经网络架构和训练算法上的深刻变革。其核心思想是采用一个多层的神经网络结构,典型的结构是具有一个隐含层,之后再添加更多层。然后我们需要一个正确的训练算法,使其可以解决梯度消失问题,而且在每一层中都能高效地更新数以万计的权值。新的激励函数和特殊的操作,例如随机丢弃(dropout)和池化等技术,使训练多层神经网络成为可能。

通过添加更多的层,我们可以让网络学习到数据中不那么明显的特征。在很多情况下,我们甚至可以放弃仔细的特征提取,让各个隐含层去学习它们自己的复杂表示。卷积神经网络(CNN)就是一个很好的例子:最开始几层应用了各种被称为"卷积"(convolution)的图像处理(例如,增强对比度、检测边缘等),以学习到哪些特征(也许是对角线的高对比度边缘?)最适合给定的数据。

我们将依次研究这些新进展。首先,我们展示卷积是如何工作的;然后,我们讨论池化、随机丢弃和一个新的激活函数。

卷积

卷积通过取一个被称为核(kernel)的矩阵并用这个过滤器处理图像来对图像进行变换。以一个3×3的核为例。原始图像中的每一个像素都会通过核来处理。核的中心被移动到每一个像素上,核的值会被当作当前像素及其相邻像素的权值,这些相邻像素包括当前像素的上、下、左、右、左上、左下、右上和右下的像素。核中的值会与相应的像素值相乘,然后加起来得到一个加权和。中心像素对应的值会被替换为这个加权和。

图5-6展示了随机核以及不同核对一个(灰度)图像的影响。请注意,有些核可以有效地提亮图像,有些核使图像模糊,有些核通过将边缘变白、将非边缘变黑来检测边缘等等。

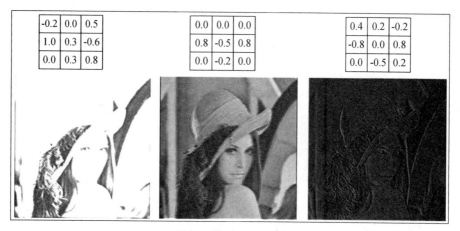

图5-6 一些随机卷积核及其对图像的影响的示例

一个核不需要接触到所有的像素。如果我们调整它的步长,我们可以同时减小图像的大小。上图展示的是当步长为(1,1)时的情况,也就是说核每次从左至右、从上至下都是一个像素一个像素地移动。所以每一个像素都参与了运算,图像的大小和之前一样。如果我们调整步长为(2,2),那么每隔一个像素才会参与运算,结果是图像的宽度和高度都是原始图像的一半。图5-7展示了不同步长的效果,我们显示了图像放大后的局部图。

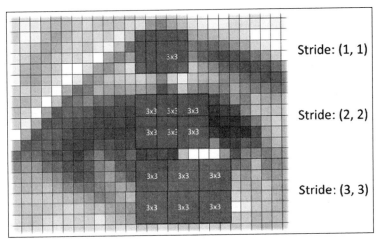

图 5-7　步长决定核如何在图像上移动的展示

除了调整步长,我们也可以通过池化来降低图像的维度。池化操作是从一个小区域的像素中选择出一个最大值或者计算它们的平均值(即最大池化或平均池化)。步长通常和区域的大小是一致的,所以不会有重叠的部分,我们可以通过步长来降低图像的维度。图 5-8 展示了一个区域为(2,2)、步长为(2,2)的示例。

卷积和池化完成了两项重要任务。首先,卷积可以提供图像的特征,例如边缘或模糊的颜色区域(如果卷积产生了模糊的效果)以及其他的可能。与之前的图像处理工作中使用的更奇异的特征(如边缘方向、颜色直方图等)相比,这些图像特征有些简单。其次,池化使得我们能够在不丢失卷积产生的关键特征的情况下减小图像的大小。例如,如果卷积产生了边缘的特征,最大池化可以减小图像的大小,但是仍然保留了主要的边缘,同时消除一些不明显的边缘。

我们可以发现,卷积操作需要有很多权值的核,而池化操作没有任何参数(步长是由开发人员指定的)。目前还不清楚哪种卷积操作最适用于某种图像处理任务,例如检测 logo,而且我们并不想退回去采用人工特征工程来完成任务。所以我们在神经网络中创建一类特别的网络层,然后将核矩阵的权重值看做传统网络中的神经元。卷积本身并不是神经元,但是它们的权值仍然可以在每个回合中进行调整。

如果我们这样操作,那么我们就可以让系统学习到哪些卷积,即什么样的特征,对当前任务而言是最适合的。

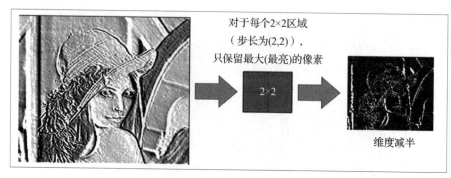

图 5-8 最大池化效果展示

此外,与其尝试找到最好的一个卷积,我们可以将多个卷积合并起来,根据它们对任务的贡献大小给予不同的权重。也就是说,这个"卷积层"会有多个卷积,每一个卷积都有自己的核。实际上,我们将把这些卷积层一个接一个地排序,在卷积之上构建卷积,从而得到更复杂的图像特征。

如果在这些卷积层之间混入池化,我们就能降低图像的维度。降维之所以重要,有两个原因。第一,图像越小,卷积计算速度越快。第二,降维可以降低过拟合(overfitting)的可能性,换句话说,过拟合也就是学习训练集过于具体,在训练集中没有的新样例上表现不佳。如果没有降维,我们最终可能得到一个神经网络,它可以针对当前训练集几乎完美地识别图像中的 logo,但是无法识别我们从网络上找到的新图像中的 logo。我们知道,网络可能记住这样的情况:图片中只要有绿色的草地,那么就会有百事可乐的 logo,这仅仅是因为在训练集中有一张这样的图片。通过降维,网络被迫去学习如何在信息有限的情况下检测 logo,使得在各种卷积和池化层中减少或消除一些不重要的细节,例如草地。

图 5-9 展示了一个卷积神经网络的示例。具体来说,我们只展示了一些卷积操作(每层 3 个),并在图像下方标记了在卷积层之间添加的池化层,同时也标记了每一层的图像维度。

狗的图像是通过在一个训练完成的网络上进行卷积产生的,这个网络在区分猫和狗的照片方面做得很好。显然,在第 12 层,由所有卷积产生的 8×8 的图像对于区分猫和狗而言非常有帮助。从图中的例子来看,每个人都能猜测到那是什么。通常,神经网络,尤其是深度学习网络,被认为是"不可解释"的机器学习模型,因为即使能看到网络用来得出结论的数据(例如图中看到的那些中间结果),我们还是无法理解其中的含义。因此如果网络表现不

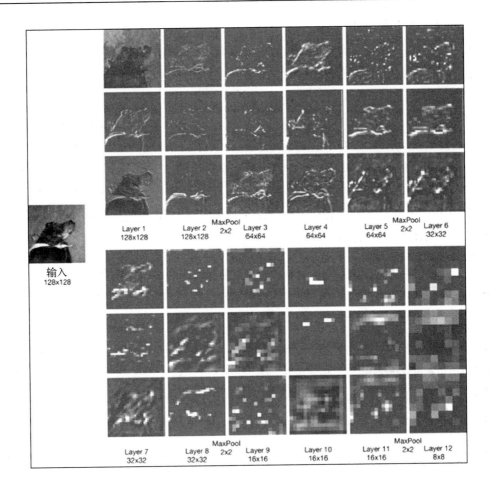

输入
128x128

图 5 - 9 CNN 中不同卷积层的效果展示。每层只展示 32 个卷积中的 3 个。原始输入图像来自
Kaggle"Dogs vs. Cats"竞赛数据集(https://www.kaggle.com/c/dogs - vs - cats)

佳,我们不知道如何修复它。与其说构建和训练一个高准确率的神经网络是一门科学,不
如说是一门艺术,熟能生巧。

网络架构

卷积层和池化层只对二维数据即图像进行操作。实际上,它们也可以处理一维数据,例如

音频,但是本书中我们只使用它们的二维形式。原始图像可以直接作为第一个卷积层的输入。另一方面,每次卷积后会得到一个相对输入而言比较小的图像,例如 8×8 像素(通常,一个卷积层都有很多个卷积,例如 32 个)。我们可以继续这样做,直到结果变为一个像素(可以参考 *Fully convolutional networks for semantic segmentation*,*Long*,*Jonathan*,*Evan Shelhamer*,and *Trevor Darrell*,in *Proceedings of the IEEE conference on computer vision and pattern recognition*,*pp. 3431 -3440, 2015*,https://www.cv - foundation. org/openaccess/content_cvpr_2015/papers/Long_Fully_Convolutional_Networks_2015_CVPR_paper.pdf)。但是如果是分类任务,例如我们目前所做的,通常在深度网络的输出端需要一个全连接的传统神经网络。这样,卷积层可以有效地找到相关特征并将其送入传统网络中。

我们对二维数据进行扁平化操作,将其转换为一维数据,从而满足全连接网络的要求。扁平化是指将每个像素值按顺序排列,将它们视为值的一维数组。如果这些像素的值保持不变,那么扁平化操作的顺序是不重要的。

在图像分类任务上表现出色的神经网络通常包含多个卷积层和池化层,以及一个庞大的全连接网络。一些高级架构甚至将图像分割成多个区域并在这些区域上进行卷积,然后再将其合成。图 5-10 展示了 Inception 网络的架构图,它在 ImageNet 挑战中达到了 94% 的准确率。

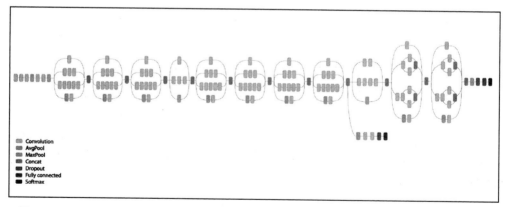

图 5 - 10　Inception 网络的抽象表示(**https://github.com/tensorflow/models/tree/master/research/inception**)

这个网络有很多高级特性,但是本书中我们无法全部介绍。我们注意到,图 5 - 10 中显示了许多堆叠的卷积层,然后与平均或最大池化层相连。在最右侧,有一个全连接层。有趣的是,在中间/底部也有一个全连接层。这意味着这个网络预测了两次图像分类。中间这层的输出用于帮助调整网络中之前的卷积。设计者发现,如果没有这个额外的输出,网络的规模会导致对之前卷积的更新非常小(这是梯度消失问题的一种情况)。

现代神经网络工程重点研究的是网络结构。不断创造出来并持续改进的网络架构带来了更好的性能。除了图像处理,神经网络在其他场景下也有用武之地,人们根据不同的场景选择不同的网络架构。读者可以参考 Asimov Institute 的 "Neural Network Zoo"(`http://www.asimovinstitute.org/neuralnetwork-zoo/`),该网页展示了常用的网络结构。

激励函数

激励函数的选择会影响模型学习的速度(每个回合的处理时间)和泛化能力(即避免过拟合)。2012 年,Krizhevsky 等人发表的题为 *ImageNet classification with deep convolutional neural network* 的论文中最重要的进展之一就是将 ReLU 用于深度神经网络。这个函数在低于某个阈值时函数值为 0,高于阈值时函数为恒等函数。我们这样定义:$f(x) = \max(0, x)$。这样一个简单的函数其实具有很重要的性质,相比 sigmoid 和 tanh 函数而言,在大多数深度学习应用中 ReLU 都表现较好。首先,它的计算速度非常快,尤其是在使用 GPU 时。其次,它可以忽略那些对网络影响较小的数据。例如,如果我们在一个卷积层后使用 ReLU(实践中经常这样做),那么只有那些亮度最高的像素点被保留下来,其他的像素点会变成黑色。这些黑色的像素点对之后的卷积或网络中的其他活动并不会产生影响。这样,ReLU 就充当了一个过滤器,只保留高价值的信息。最后,ReLU 函数不像 sigmoid 和 hanh 函数那样"饱和"(saturate)。我们介绍过,sigmoid 和 hanh 函数都有一个上限值 1.0,函数的曲线不断地接近这个上限值。但是 ReLU 函数的返回值就是原始值(假设它高于阈值),所以较大的原始值仍然很大。这样可以降低梯度消失问题发生的概率,当网络中没有足够的信息来更新权值时就会发生梯度消失问题。

图 5-11 展示了 ReLU 函数和 **softplus** 函数的图形,softplus 是和 ReLU 类似的连续且可导的激励函数。

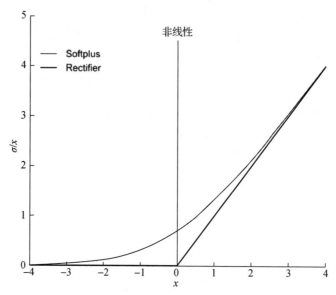

图 5-11　ReLU 和 softplus 函数的图形(https://en.wikipedia.org/wiki/Rectifier_(neural_networks))

最后要介绍的深度学习的一个有趣特性是随机丢弃(dropout)层。为了降低过拟合发生的概率,我们可以增加一个虚拟层,使得在每个回合中,该网络中只更新随机的一部分权值(这部分权值每个回合更新)。使用一个参数为 0.5 的 dropout 层会使得通过这一层时,只有 50% 的权值得到更新。

以上对神经网络和深度学习的简单介绍表明"深度学习革命"(如果我们可以这么称呼它的话)是许多思想和技术融合的结果,也是公开可用数据的大量增加和使用开源库进行研究的简易性的显著提升所促成的。深度学习并不单单是指某一种技术或算法,它是指一系列用于解决许多不同类型问题的丰富技术。

TensorFlow 和 Keras

我们需要开发一系列结构较为复杂的深度学习神经网络,用来检测社交媒体上哪些图片中有 logo 并识别出它们是什么 logo。我们会演示两种方法:一种使用 TensorFlow 平台上的 Keras 库,另一种使用 Darknet 平台上的 YOLO。我们将为 Keras 示例编写一些 Python 代码,对于 YOLO,我们使用现有的开源代码。

首先,我们创建一个简单的深度网络,包含几个卷积层和池化层,以及一个全连接(密集)层。我们使用 FlickrLogo 数据集中的图像(*Scalable Logo Recognition in Real - World Images*,*Stefan Romberg*,*Lluis Garcia Pueyo*,*Rainer Lienhart*,*Roelof van Zwol*,*ACM International Conference on Multimedia Retrieval 2011*(ICMR11),*Trento*,*April 2011*,http://www.multimedia- computing.de/flickrlogos/),重点使用的是包含 32 类不同 logo 的版本。稍后,我们会使用 YOLO 对 47 个 logo 的版本进行实验。这个数据集包含 320 张训练图片(每一类 logo 有 10 张图片)和 3 960 张测试图片(每一类 logo 有 30 张图片,另外还有 3 000 张图片不包含任何 logo)。这是一个规模较小的训练集。另外,请注意我们的训练集中并没有无 logo 的图片。

这些图片存储在以它们各自的 logo 命名的目录中。例如,一张包含 Adidas logo 的图片存储在路径为 FlickrLogos- v2/train/classes/jpg/adidas 的文件夹中。Keras 库通过其 ImageDataGenerator 和 DirectoryIterator 类提供了方便的图像加载功能。只要将图像放入这些文件夹中,我们就可以避免所有加载图像和通知 Keras 每个图像的类别的工作。

首先导入相关的库并设置目录迭代器。指定第一个卷积层要读取的图像尺寸。加载图像时,将根据需要调整图像尺寸。此外,我们指定图像的通道(红、绿、蓝)。这些通道在对图像进行卷积之前是被分开的,所以每次卷积只对一个通道进行处理:

```
import re
import numpy as np
from tensorflow.python.keras.models import Sequential, load_model
from tensorflow.python.keras.layers import Input, Dropout, \
Flatten, Conv2D, MaxPooling2D, Dense, Activation
from tensorflow.python.keras.preprocessing.image import \
DirectoryIterator, ImageDataGenerator

#  所有图像将转换为这个尺寸
ROWS = 256
COLS = 256
CHANNELS = 3

TRAIN_DIR = '.../FlickrLogos- v2/train/classes/jpg/'

img_generator = ImageDataGenerator() #  不要修改图像
```

```
train_dir_iterator = DirectoryIterator(TRAIN_DIR, img_generator,
target_size= (ROWS, COLS), color_mode= 'rgb', seed= 1)
```

然后,定义网络的架构。使用一个顺序模型(也就是说,其中不包含递归循环操作),然后按照顺序添加网络层。在定义卷积层时,第一个参数(例如 32)表示应该学习多少不同的卷积(在三个通道中分别有多少个);第二个参数给出了核的尺寸;第三个参数给出了步长;第四个参数表示当卷积应用于图像边缘时需要填充(padding)。这样的填充操作被定义为"same",用于确保(经过卷积后)输出图像的尺寸与输入图像的相同(假设步长为(1,1)):

```
model = Sequential()
model.add(Conv2D(32, (3,3), strides= (1,1), padding= 'same',
input_shape= (ROWS, COLS, CHANNELS)))
model.add(Activation('relu'))
model.add(Conv2D(32, (3,3), strides= (1,1), padding= 'same'))
model.add(Activation('relu'))
model.add(MaxPooling2D(pool_size= (2,2)))
model.add(Conv2D(64, (3,3), strides= (1,1), padding= 'same'))
model.add(Activation('relu'))
model.add(Conv2D(64, (3,3), strides= (1,1), padding= 'same'))
model.add(Activation('relu'))
model.add(MaxPooling2D(pool_size= (2,2)))
model.add(Conv2D(128, (3,3), strides= (1,1), padding= 'same'))
model.add(Activation('relu'))
model.add(Conv2D(128, (3,3), strides= (1,1), padding= 'same'))
model.add(Activation('relu'))
model.add(MaxPooling2D(pool_size= (2,2)))
model.add(Flatten())
model.add(Dense(64))
model.add(Activation('relu'))
model.add(Dropout(0.5))
model.add(Dense(32)) # 即每个类有一个输出神经元
model.add(Activation('sigmoid'))
```

接下来,编译模型,指定采用二元决策(对于每一个可能的 logo 输出 yes 或 no),并且使用随机梯度下降。这些参数的不同选择超出了本章的范围。同时,我们也指定在网络学习过程中得到准确率得分:

```
model.compile(loss= 'binary_crossentropy', optimizer= 'sgd',
metrics= ['accuracy'])
```

我们可以请求一个网络的摘要,它显示了网络层和每层所涉及的权重数量,以及整个网络包含的权重总数：

```
model.summary()
```

这个网络大约有 860 万个权重(也称为可训练参数)。

最后,运行 fit_generator 函数并输入训练集图片。我们还指定了训练的回合数,也就是训练图片要被计算多少轮：

```
model.fit_generator(train_dir_iterator, epochs= 20)
```

但是这种方法过于简单。我们的第一个网络的表现很差,在识别 logo 这个任务上大约只达到了 3% 的精确度。每类 logo 只有很少的样例(只有 10 张图片),我们怎么能期待有更好的效果呢？

在我们的第二次尝试中,使用 Keras 的图像预处理库的另一个特性。与使用默认的 ImageDataGenerator 不同,我们可以指定以各种方式修改训练图片,从而从现有的训练集中生成新的训练图片。我们可以放大、缩小、旋转和裁剪图片。我们也可以重新调整像素值,使其在 0.0 到 1.0 之间,而不是在 0 到 255 之间。

```
img_generator = ImageDataGenerator(rescale= 1./255,
rotation_range= 45, zoom_range= 0.5, shear_range= 30)
```

图 5-12 展示了对一张图片进行随机缩放、旋转和裁剪的示例。

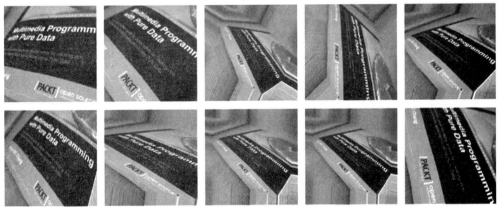

图 5-12 使用 Keras 提供的 ImageDataGenerator 类产生的图片转换示例,图片来自:https://www.flickr.com/photos/hellocatfood/9364615943

有了这个扩展的训练集,我们的精确度提高了几个百分点,但仍不够好。

问题有两个方面:我们的网络结构比较简单,而且没有足够多的训练样例。这两个方面结合在一起,导致了网络无法开发有用的卷积,从而无法开发有效的特征,以送入全连接网络。

我们无法获取更多的训练图片,而如果没有更多的训练样例来训练网络,仅仅增加网络的复杂度和深度并不能帮助我们。

然而,我们可以利用一种叫做**迁移学习**(**transfer learning**)的技术来解决问题。假设我们可以使用一个为 ImageNet 挑战而开发的高精确度的深度网络,它使用数百万张日常物品的图片训练好了。由于我们的任务是检测日常物品上的 logo,我们可以重用这个庞大网络学习到的卷积,只需要在上面添加一个不同的全连接网络。然后我们使用这些卷积训练全连接网络而不更新它们。为了得到一点额外的提升,我们可以再次进行训练,但是这次我们同时更新全连接网络和卷积。从本质上讲,我们遵循这样的类比:拿起一台现有的相机,尽我们所能地学习透过它看东西;然后,稍微调整一下相机,使我们看得更清楚。

表 5-1 展示了 Keras 支持的几个 ImageNet 模型(https://keras.io/applications/)。由于 **Xception** 模型是表现最好的并且不算十分庞大,我们将选择它作为基础模型。

表 5-1　Keras 支持的 ImageNet 模型

模型	大小	Top-1 准确率	Top-5 准确率	参数	深度
Xception（https://keras.io/applications/# xception)	88 MB	0.79	0.945	22,910,480	126
VGG16 （https://keras.io/applications/# vgg16)	528 MB	0.715	0.901	138,357,544	23
VGG19 （https://keras.io/applications/# vgg19)	549 MB	0.727	0.91	143,667,240	26
ResNet50 (https://keras.io/applications/# resnet50)	99 MB	0.759	0.929	25,636,712	168
InceptionV3 （https://keras.io/applications/# inceptionv3)	92 MB	0.788	0.944	23,851,784	159

模型	大小	Top - 1 准确率	Top - 5 准确率	参数	深度
InceptionResNetV2 (https://keras.io/applications/# inceptionresnetv2)	215 MB	0.804	0.953	55,873,736	572
MobileNet (https://keras.io/applications/# mobilenet)	17 MB	0.665	0.871	4,253,864	88
DenseNet121 (https://keras.io/applications/# densenet)	33 MB	0.745	0.918	8,062,504	121
DenseNet169 (https://keras.io/applications/# densenet)	57 MB	0.759	0.928	14,307,880	169
DenseNet201 (https://keras.io/applications/# densenet)	80 MB	0.77	0.933	20,242,984	201

首先,导入 Xception 模型并移除其顶部(全连接层),只保留其卷积层和池化层:

```
from tensorflow.python.keras.applications.xception import Xception

# 创建基础的预测练好的模型
base_model = Xception(weights= 'imagenet', include_top= False,
pooling= 'avg')
```

然后创建新的全连接层:

```
# 添加一些全连接层
dense_layer = Dense(1024, activation= 'relu')(base_model.output)
out_layer = Dense(32)(dense_layer)
out_layer_activation = Activation('sigmoid')(out_layer)
```

将这些全连接层放在最上层以完成网络:

```
# 这是我们要训练的模型
model = Model(inputs= base_model.input,
outputs= out_layer_activation)
```

接下来,指定在训练时不对卷积层进行更新:

```
#  首先:只训练密集的顶层
#  (它们是随机初始化的)
#  即冻结所有卷积的 Xception 层
for layer in base_model.layers:
    layer.trainable = False
```

然后编译模型,打印模型摘要,开始训练模型:

```
model.compile(loss= 'categorical_crossentropy', optimizer= 'sgd',
metrics= ['accuracy'])

model.summary()

model.fit_generator(train_dir_iterator, epochs= EPOCHS)
```

现在准备同时更新卷积层和全连接层,使得准确率再次提升:

```
#  解冻所有层以进行更多的训练
for layer in model.layers:
    layer.trainable = True

model.compile(loss= 'categorical_crossentropy', optimizer= 'sgd',
metrics= ['accuracy'])

model.fit_generator(train_dir_iterator, epochs= EPOCHS)
```

我们用 ImageDataGenerator 将训练数据分为 80% 的训练样例和 20% 的验证样例。使用这些验证图片,我们可以检验模型在训练过程中的表现。它们可以模拟测试数据,也就是我们在训练过程中并没有见过的图片。

我们可以绘制每个回合的 logo 检测准确率。图 5 - 13 展示了训练 400 个回合的情况(其中前 200 个回合不更新卷积层,后 200 个回合才更新)。在 NVIDIA Titan X Pascal GPU 上需要几个小时才能完成训练,使用其他功能较弱的 GPU 也是可行的。在某些情况下,必须指定批次大小为 16 或 32,以指示 GPU 一次要处理的图像数量,确保 GPU 的内存足够。也可以不使用 GPU(即仅使用 CPU)来训练,但是要花费相当长的时间(例如 10~20 倍的时间)。

有趣的是,当第二次训练并更新卷积层时,模型在验证集上的准确率有了显著提高。最终,由于网络有效地记住了训练集,模型在训练集上的准确率达到了极限(接近 100%)。但是,这并不一定表示模型过拟合,因为验证集上的准确率在到达某一个值后相对保持不变。

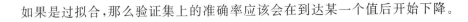

如果是过拟合,那么验证集上的准确率应该会在到达某一个值后开始下降。

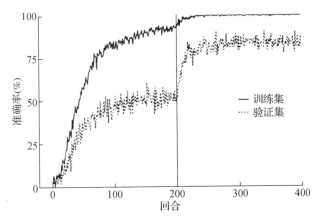

图 5-13　基于 Xception 的模型在多个训练回合的准确率

在这个先进的模型的帮助下,我们在 logo 检测的任务上达到了非常高的准确率。此时还有最后一个问题要解决。由于训练集中所有的图片都有 logo,我们的网络并没有在不包含 logo 的图片上训练过,因此它会假设所有的图片都有 logo,而问题只是找出 logo 是哪一类。但是真实的情况是有些图片有 logo,有些图片没有,所以首先需要检测图片中是否存在 logo,然后再去识别是哪一类 logo。

我们将使用一个简单的检测方案:如果网络并没有足够的信心确定图片包含任何一个 logo(取决于我们选择的阈值),那么我们就认为图片中不包含 logo。既然我们可以检测带有 logo 的图片,我们就可以度量它在这些图片中识别 logo 的准确率。检测阈值会影响准确率,因为高置信度阈值会导致较少的 logo 被识别,使得召回率降低。但是,高阈值会增加精确度,因为模型对这些比较有信心的 logo 不太可能会预测出错。如图 5-14 所示,我们通常会画出精确度/召回率图形来表示这样的权衡。在此,我们展示不同的回合数和置信度阈值(标在线段上方的数字)所带来的影响。图中的右上方是表现最好的参数。请注意,精确度(y 轴)的最大值是 1.0,因为我们可以实现一个非常高的精确度,但是召回率(x 轴)大约只有 0.4,因为我们永远无法在不损失精确度的情况下实现高召回率。另外,训练回合数越多,模型的输出值越小(权重被调整过很多次,在不同的输出即不同的 logo 之间产生了细微的差异),所以我们将置信度阈值调整得更低。

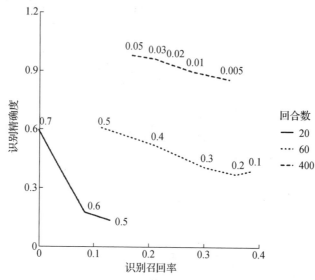

图 5‑14　采用基于 Xception 的模型以及不同回合数和阈值进行 logo 识别时的精确度/召回率权衡

尽管模型的识别召回率很低（大约 40％，也就是说在那些有 logo 的图片中，在 60％ 的情况下并没有检测到图片中的 logo），但模型的精确度很高（大约 90％，也就是在那些有 logo 的图片中我们几乎总能正确检测到 logo）。

我们来看一下网络是如何错误识别 logo 的，这很有趣。我们可以用一个**混淆矩阵**（**confusion matrix**）来可视化，这个矩阵中，纵轴表示真实的 logo，横轴表示网络预测的 logo。在矩阵中，方块的颜色越深，表示真实的 logo 和预测的 logo 重叠的情况越多。图 5‑15 显示了我们的网络在训练 100 个回合之后的混淆矩阵。我们可以发现，网络几乎都预测成功：在大多数情况下，对角线上方块的颜色是最深的。但是，我们需要注意那些预测错误的情况。

例如，Paulaner 和 Erdinger 的 logo 有时会被混淆，因为它们的 logo 都是圆形的（两个圆圈套在一起），而且边缘围绕白色文字。Heineken 和 Becks 的 logo 有时也会被混淆，因为它们的 logo 中心都有深色的线条和白色的文字，而且有椭圆或矩形的边框。NVIDIA 和 UPS 的 logo 有时也会被混淆，不过原因不明。

最有趣的是，DHL FedEx 和 UPS 的 logo 有时会被混淆，这些 logo 看起来并没有什么明显的相似之处。因此我们没理由相信这个神经网络会准确地学习到关于 logo 的一切，尽管它在一定程度上而言足够复杂也足够准确。这些算法并没有特定让网络去学习每张图片中与 logo 相关的任何东西,仅仅让网络学习图片本身。我们可以想象,大多数或所有带有 DHL、FedEx 和 UPS 的 logo 的图片中也有某种包裹、卡车或者飞机。也许网络学习到 DHL 的 logo 和飞机同时出现,FedEx 的 logo 和包裹同时出现,UPS 的 logo 和卡车同时出现,会不会是这样呢? 如果是这样,网络会错误地预测一张有包裹和 UPS logo 的图片中的 logo 是 FedEx 的,不是因为它混淆了 logo,而是因为它混淆了图片中的其他内容导致的。这就证明了网络并不知道 logo 是什么。它仅学到了包裹、卡车、酒杯等物体,或者也不是这样。我们能知道它学到了什么的唯一方法是用没有 logo 的图片作为输入,然后观察模型的输出。我们可以选择一些卷积层来进行不同图像的可视化,例如图 5-9 中的操作,但是由于 Xception 网络有很多卷积层,这种技术可能仅提供有限的分析。

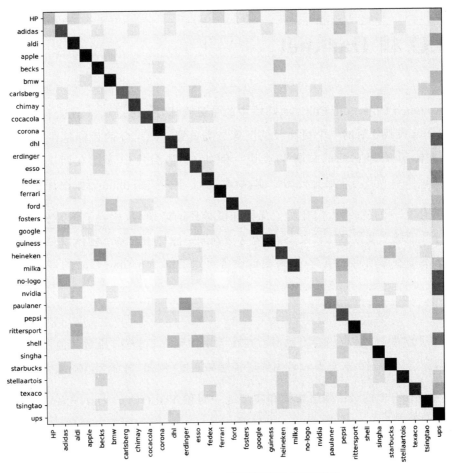

图 5-15 基于 Xception 的模型训练后的混淆矩阵

解释深度神经网络如何工作,解释其如何得出结论,是深度学习中一个非常活跃的研究课题,也是目前深度学习的一大缺点。但是,深度学习在如此多的领域都非常成功,以至于它的可解释性让位于其表现。Will Knight 在 MIT 的 *Technology Review* 上发表了标题为 *The Dark Secret at the Heart of AI*,副标题为 *No one really knows how the most advanced algorithms do what they do. That could be a problem* 的文章(https://www.technologyreview.com/s/604087/the - dark - secret - at - theheart - of - ai/),其中阐述了这个问题。

这个问题对 logo 检测来说无关紧要,但是当深度学习被应用于无人驾驶或医学成像和诊断时,情况就完全不同了。在这些用例中,如果人工智能得出了错误结论,导致有人受伤,那么查明原因并且找到解决方案就显得尤为重要了。

YOLO 和 Darknet

COCO(Common Objects in Context,环境中的常见物体,http://cocodataset.org/)是继 ImageNet 挑战之后的一个更高级的图像分类比赛。COCO 的目标是在一张图片中识别多个物体,并给出它们的位置和类别。例如,一张图片中可能有两个人和两匹马。COCO 数据集有 150 万个已标记的物体,涵盖 80 个不同类别和 33 万张图片。

为了解决 COCO 的挑战,人们开发了几种深度神经网络架构,达到了不同水平的准确率。这项任务的准确率度量会比较复杂,需要考虑到同一图片中的多个物体以及每个物体所在的位置。本书不讨论测量细节,有兴趣的读者可以访问 Jonathan Hui 的博客(https://medium.com/@ jonathan_hui/map - mean - average - precision - for - object - detection - 45c121a31173)。

COCO 挑战的另一个重要内容是效率。在视频中识别人和物体,相对其他用例,这个功能对自动驾驶汽车来说至关重要。这需要以视频的速度(例如,每秒 30 帧)来完成。

用于 COCO 任务上的最快网络架构和实现之一叫做 **YOLO(You Only Look Once,你只看一次)**,其开发者是 Joseph Redmon 和 Ali Farhadi(https://pjreddie.com/darknet/yolo/)。YOLOv3 具有 53 个卷积层和一个全连接层。这些卷积层使得网络可以将图片划分为多个区域并预测每个区域是否含有一个物体以及是何种物体。在大多数情况下，YOLOv3 的表现几乎和其他更复杂的网络相当，但是速度要快上百倍甚至千倍，在单块 NVIDIA Titan X GPU 上可以达到每秒检测 30 帧画面的速度。

对于从 Twitter 上获取的图片，虽然我们不用检测 logo 所在的区域，但我们仍然可以充分利用 YOLO 的优势来找到同一张图片中的多个 logo。FlickrLogos 数据集将 logo 的类别从 32 个提升到 47 个，而且为每张样例图片都提供了区域信息。这是很有帮助的，因为 YOLO 在训练时需要这些区域信息。我们会使用 Akarsh Zingade 提供的教程（Logo detection using YOLOv2，Akarsh Zingade，https://medium.com/@ akarshzingade/ logodetection- using- yolov2- 8cda5a68740e），将 FlickrLogos 数据转换为 YOLO 训练格式：

```
python convert_annotations_for_yolov2.py \
- - input_directory train \
- - obj_names_path . \
- - text_filename train \
- - output_directory train_yolo

python convert_annotations_for_yolov2.py \
- - input_directory test \
- - obj_names_path . \
- - text_filename test \
- - output_directory test_yolo
```

接下来，我们安装 Darknet(https://github.com/pjreddie/darknet)，YOLO 就是在这个平台上实现的。Draknet 是一个类似 TensorFlow 的深度学习库。不同种类的网络架构可以用 Darknet 来实现，就像 YOLO 也可以用 TensorFlow 来实现。无论如何，最简单的方法就是安装 Darknet，因为 YOLO 已经被实现了。

编译 Darkent 非常简单。但是在编译之前，我们对源码做一点更改。这个更改将在我们稍后构建 Twitter logo 检测器时大有帮助。在 examples/detector.c 文件中，我们在 test_detector 函数定义中第一个 else 块的第一行中的 printf 语句中添加一个换行符（\n）：

```
printf("Enter Image Path:\n");
```

Draknet 编译成功后，我们就可以在 FlickrLogos- 47 数据集上训练 YOLO 了。我们

像之前一样使用迁移学习,首先使用在 COCO 数据集上训练好的 `darknet53.conv.74` 权重:

```
./darknet detector train flickrlogo47.data \
yolov3_logo_detection.cfg darknet53.conv.74
```

在单块 NVIDIA Titan X GPU 上这个训练过程花了 17 个小时。训练好的模型(即最终的权值)保存在一个名为 `yolov3_logo_detection_final.weights` 的备份文件夹中。

要检测一张图片中的 logo,我们可以运行以下命令:

```
./darknet detector test flickrlogo47.data \
yolov3_logo_detection.cfg \
backup/yolov3_logo_detection_final.weights \
test_image.png
```

Akarsh Zingade 指出,YOLO 的早期版本(v2)在 `FlickrLogos-47` 数据集上可以达到 48%的精确度和 58%的召回率。目前尚不清楚这样的准确率水平对于 logo 检测器和识别器的实际使用是否足够,不过我们将开发的方法并不依赖于这个现有的网络。随着网络架构的改进,logo 检测器的性能也会随之提高。

一种改进网络的方法是提供更多的训练样例。由于 YOLO 检测 logo 的区域以及标签,所以我们的训练数据也需要区域和标签信息。这样做是非常耗时的,因为图片中的每个 logo 需要提供它的 x 和 y 边界。**YOLO_mark**(`https://github.com/AlexeyAB/Yolo_mark`)之类的工具可以提供一些帮助,它提供一个图形界面,用于对图片中的物体划分出区域,然后提供给 Yolo v2 和 v3 版本的神经网络作为训练集。

图 5-16 展示了一些 logo 检测和区域信息(显示为边框)的示例。其中只有一张图片预测错误,尽管 UPS 和 Foster 的 logo 容易被混淆。请注意,与我们的 Keras 代码相比,YOLO 的一个好处是我们不需要为 logo 检测设置一个阈值——如果 YOLO 没有在图片中找到任何 logo,那么就会给出不存在 logo 的结论。

图 5 - 16 使用 YOLOv3 预测 logo 的图片示例。从上到下,从左到右,图片来源分别为:(1) the real Tiggy, https://www.flickr.com/photos/21238273@N03/24336870601, Licensed Attribution 2.0 Generic (CC BY 2.0) Deployment strategy; (2) Pexels, https://pixabay.com/en/applecomputer - girl - iphone - laptop - 1853337/, Licensed CC0 Creative Commons; (3) https://pxhere.com/en/photo/1240717, Licensed CC0 Creative Commons; (4) Orin Zebest, https://www.flickr.com/photos/orinrobertjohn/1054035018, Licensed Attribution 2.0 Generic (CC BY 2.0); (5) MoneyBlogNewz, https://www.flickr.com/photos/moneyblognewz/5301705526, Licensed Attribution 2.0 Generic (CC BY 2.0)

现在 YOLO 已经训练好了,也可以检测和识别 logo,我们需要写一些代码来监测 Twitter 上的带有图片的推文。当然我们只会注意某些话题下的推文而不是全球网络中所有的图片。我们将用与第 3 章中的实现所用的非常类似的方式来使用 Twitter API。也就是说,我们将用一组关键词搜索全球的 Twitter 流(feed),对每一个搜索结果,我们会检查推文中是否包含图片。如果有,我们就下载图片并交给 YOLO 处理。如果 YOLO 检测到任何我们感兴趣的 logo,我们就会将这条推文以及这张图片保存到日志文件中。

为了演示,假设我们要寻找软饮料和啤酒的 logo。我们设定的搜索词为"百事可乐"(Pepsi)、"可乐"(coke)、"苏打水"(soda)、"饮料"(drink)和"啤酒"(beer)。我们要寻找 26 类不同的 logo,其中大多数为啤酒 logo,因为 FlickrLogos- 47 数据集包含很多这样的 logo。

连接到 Twitter API 的 Java 代码也需要和正在运行的 YOLO 进程交互。之前,我们展示了如何使用 YOLO 对一张图片进行处理。但是那是一个很慢的过程,因为每次 YOLO 运行时,网络都必须从它的保存状态加载。如果我们不提供图片的文件名,YOLO 会启动并等待输入。然后我们输入文件名,YOLO 会快速判断是否找到任何 logo(及其置信度)。为了和 YOLO 进行这样的交互,我们使用 Java 来支持运行外部进程以及与外部进程通信。

图 5 - 17 显示了一个大致的架构图。

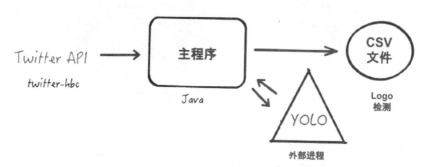

图 5 - 17 logo 检测器应用的架构概览

Twitter 流监测器和 logo 检测器会在不同的线程中运行。如此操作,我们可以同时获得推文和处理图片。这对于突然有很多我们不想错过的推文,或者 YOLO 突然需要处理大量图片的情况是很有帮助的。当有图片的推文被发现时,它们会被添加到一个队列中。logo 检测器代码会监测这个队列。当 logo 检测器准备好处理图片并且有一条带有图片的推文可获取时,logo 检测器会从队列中获取这条推文并下载图片,然后发送给 YOLO。

Twitter 部分的代码我们在第 3 章中使用的基本相同，只需要稍作改动，就可以检测带有图片的推文，并且将这些推文保存到共享队列中：

```
while (!client.isDone())
{
  String msg = msgQueue.take();
  Map<String, Object> msgobj = gson.fromJson(msg, Map.class);
  Map<String, Object> entities =
(Map<String, Object>)msgobj.get("entities");

  // 检查推文中的一张图片
  List<Map<String, Object>> media =
(List<Map<String, Object>>)entities.get("media");
  if(media != null)
  {
    for(Map<String, Object> entity : media)
    {
      String type = (String)entity.get("type");
      if(type.equals("photo"))
      {
        // 我们找到一张图片,把这条推文添加到队列中
        imageQueue.add(msgobj);
      }
    }
  }
}
```

在 ImageProcessor 类(它单独占用一个线程)中，我们首先启动 YOLO 应用，然后将其输入/输出流连接到缓冲的读取器和写入器。通过这种方式，我们可以模拟给 YOLO 输入图片文件名，然后获取它的所有打印输出：

```
// 从 config.properties 获得 YOLO 命令
ProcessBuilder builder = new ProcessBuilder(
props.getProperty("yolo_cmd"));
builder.redirectErrorStream(true);

Process process = builder.start();
OutputStream stdin = process.getOutputStream();
InputStream stdout = process.getInputStream();
BufferedReader reader = new BufferedReader(
new InputStreamReader(stdout));
BufferedWriter writer = new BufferedWriter(
new OutputStreamWriter(stdin));
```

接下来,我们等待 YOLO 完成启动,然后继续。当它打印 Enter Image Path 时,我们知道 YOLO 已经准备好了:

```
String line = reader.readLine();
System.out.println(line);
while(! line.equals("Enter Image Path:"))
{
  line = reader.readLine();
  System.out.println(line);
}
```

我们对之前的 Darknet 源码所做的小更改使我们可以使用 readLine 方法来检测此消息。如果没有这个更改,我们就不得不逐个字符地读取 YOLO 的输出,这是一项明显更复杂的任务。

现在我们准备好观察推文是否出现在共享队列中了:

```
while(true)
{
  Map<String, Object> msgobj = imageQueue.take();
...
```

从队列中获取推文后,我们可以得到其中链接的所有图片并分别处理它们:

```
Map<String, Object> entities =
(Map<String, Object>)msgobj.get("entities");
List<Map< String, Object>> media =
(List<Map< String, Object>>)entities.get("media");
for(Map<String, Object> entity : media)
{
  String type = (String)entity.get("type");
  if(type.equals("photo"))
  {
...
```

现在我们需要将图片下载到一个临时位置:

```
String url = (String)entity.get("media_url");
// 下载图片
File destFile = File.createTempFile("logo- ", ".jpg");
FileUtils.copyURLToFile(new URL(url), destFile);
```

```
System.out.println("Downloaded " + url + " to " + destFile);
```

我们将这个临时的文件名给 YOLO，以便它完成 logo 识别任务：

```
writer.write(destFile + "\n");
writer.flush();
```

接下来，我们观察 YOLO 的输出，并且提取出它检测到的任何 logo 的所有数据及其置信度。注意，此时我们检查检测到的 logo 是否属于我们关心的那 26 个类别：

```
// 在一个映射中保存所有检测结果，键=logo，值=置信度
Map<String, Double> detections = new HashMap< String, Double> ();
line = reader.readLine();
System.out.println(line);
while(! line.equals("Enter Image Path:"))
{
  line = reader.readLine();
  System.out.println(line);
  Matcher m = detectionPattern.matcher(line);
  // 找出哪个 logo 被检测到以及它是否是我们关心的 logo 之一
  if(m.matches() && logos.contains(m.group(1)))
  {
    detections.put(
m.group(1), Double.parseDouble(m.group(2))/100.0);
  }
}
```

最后，我们将推文信息和 logo 信息打印到一个 CSV 文件中。CSV 文件中的一行内容对应一个 logo，所以一条推文可能包含对应多个 logo 的多行内容：

```
for(String k : detections.keySet())
{
  System.out.println(detections);
  csvPrinter.printRecord(
(String)((Map<String, Object>)msgobj.get("user"))
.get("screen_name"), (String)msgobj.get("id_str"),
(String)msgobj.get("created_at"), (String)msgobj.get("text"),
url, k, detections.get(k));
  csvPrinter.flush();
}
```

在运行了几个小时以后，我们的应用找到了大约 600 个 logo。粗略检查以后发现，这个应

用并不是一个精确度很高的检测器。例如,玻璃杯里装有啤酒的图片会被标记为随机的啤酒公司 logo,尽管通常置信度不高。我们可以通过要求更高的置信度来提高精确度。但是我们的结果表明还有一个严重的问题。在 YOLO 或我们的 Keras 代码的训练集中,每张图片都包含一个或多个 logo(根据数据集,一组 logo 有 32 个或 47 个),或者不含任何 logo。但是,从 Twitter 获取的真实图片可能不包含任何 logo,或者 logo 来自几乎无限可能的一组 logo。

我们的应用仅仅知道大约 20 个啤酒品牌的 logo,但是显然世界上有非常多的啤酒品牌和 logo。这个原因导致了 YOLO 的错误判断,例如把一张图片中啤酒杯上的 logo 判断为 Heineken 的 logo,而实际上图片中的 logo 是其他啤酒品牌,但我们的模型并没有见过。正如图 5-15 中混淆矩阵显示的那样,YOLO 收集酒杯和周围环境的信息,就像它收集 logo 自身的细节一样。在深度学习中几乎不可能避免这样的情况发生,因为我们无法控制模型从训练集中学习到的用来区分图像的特征。提高准确率的唯一希望是增加训练集的多样性,包括 logo 出现的次数以及图片自身的变化(一些在酒吧内,一些在室外,杯子上的 logo,易拉罐上的 logo 等)。此外,如果只检测一种 logo,那么网络在被训练时就需要一些包含其他形似 logo 的反例图片(没有该 logo 的图片)。让网络学会区分 logo 之间细微差别以及不关注背景信息的唯一办法是为它提供只存在这些细微差别的正例和反例。理想的情况下,网络只学会如何检测它得到的信息。最坏的情况下,网络甚至无法完成训练的任务!

持续评估

本章中,我们开发的 logo 检测器在部署完成后并不是持续更新网络权重的。在被训练识别一组 logo 之后,它应该继续更新权重来保持准确率。有一种可能是,在部署好以后,人们发布的照片类型会随着时间的推移而逐渐改变。例如,Instagram 滤镜和相关图像处理的日益流行,都会对 logo 检测器造成干扰。

在任何情况下,不断地评估检测器是否按预期工作是十分有必要的。由于需要人工的介入,这个任务在实际操作中比较有挑战性。每一张被检测到 logo 的图片都可以被保存在数据库中以备日后检验。我们的 logo 检测器代码可以完成这个工作。每隔一段时间,我们可以人工来评估这些结果,从而持续更新 logo 检测器的精确度。

评估召回率就更有挑战性了。考虑到社交媒体上分享的大量图片,找到并检查每一张图片是完全不可行的。所以,我们无法准确判断召回率。但是,我们可以要求用户在社交网络上关注任何包含他们的品牌 logo 的图片,当他们看到这样一张图片时,检查一下系统是否找到并下载了图片,并且正确识别了图片中的 logo。可以通过记录成功和失败的次数来估计出召回率。

如果系统必须检测新的 logo 或者需要对系统在更多示例上重新训练,那么就必须对大量的图片进行标记以用于训练。上文中我们已经提到了 YOLO_mark(`https://github.com/AlexeyAB/Yolo_mark`),用来为 YOLO 提供训练用的图片样例。其他工具包括开源的 Labelbox(`https://github.com/Labelbox/Labelbox`)和私有的 Prodigy (`https://prodi.gy/`)。

本章总结

本章演示了如何设计并实现一个 CNN 来检测和识别图片中的 logo。这些图片是使用 Twitter API 和一些搜索关键词从社交媒体上获取的。图片被获取的同时,logo 也被检测到,然后这些检测记录被保存到 CSV 文件中,以备后续的处理和查看。

通过本章的内容,我们了解了深度学习这个术语的来源,讨论了在过去几年里引发机器学习革命的多个因素。我们展示了相关技术和社会因素是如何助力这场革命的。我们在有限的内容中展示了多个实例,只需很少的代码、一组训练样例(研究人员可以免费获得)和一块 GPU,我们就可以轻松地创建自己的深度神经网络。

下一章,我们将介绍如何使用统计学和其他技术来发现趋势并且识别异常情况,如社交媒体上带有你的 logo 的图片数量急剧增加或减少。

6

发现趋势和识别异常的蓝图

高效的公司会充分利用众多数据源。根据业务的性质,这些数据源可以包括客户活动、供应商价格、数据处理吞吐量、系统日志等等。仅仅拥有数据,甚至用图表绘制数据,就像我们在第 3 章中开发的那样,可能还不够主动。通常,并没有人持续地监控每一个数据流或图表。因此,能够汇总数据与当一些事件发生时通知合适的人是同等重要的。这些事件可能是数据整体趋势的改变,也可能是异常活动。事实上,这两种分析——趋势和异常,有时可以使用相同的技术来发现,我们将在本章将给出详细的介绍。

趋势和异常也可以作为提供给用户的服务。在互联网中有大量这样的例子。例如 Google Analytics 提供的网站流量分析工具(https://analytics.google.com/analytics/web/)。这些工具旨在发现网站流量中的趋势和异常,以及其他数据分析操作。在前面的仪表板上,我们可以看到每日、每周、每月的网站流量统计(图 6 - 1 的左边)。有趣的是,尽管图上做了标记,但"随着时间推移,您的活跃用户的趋势如何?(How are your active users trending over time?)分析并没有实际计算出趋势,正如我们将在本章中做的那样,而是给你一个图表,以便你可以直观地识别趋势。更有趣的是,这些分析有时会在仪表板上通知用户检测到的异常活动。小图显示真实数据和预测数据;如果真实数据(例如网站点击量)和预测数据差距明显,那么数据点就会被认为是异常情况,并且会向用户发出通知。使用 Google 搜索引擎,我们可以快速找到一个有关这个异常检测器的解释(https://support.google.com/analytics/answer/7507748):

> 首先,*Intelligence 选择一段时期的历史数据来训练其预测模型。对于每日*

异常检测，训练周期为 90 天。对于每周异常检测，训练周期为 32 周。

然后，Intelligence 将贝叶斯状态时空序列模型应用于历史数据，以预测时间序列中最近观测到的数据点的值。

最后，Intelligence 基于报告视图中的数据量，使用带 p 值阈值的统计显著性测试将数据点标记为异常。

异常检测，Google

我们会在本章开发一个**贝叶斯状态时空序列模型**来预测网站流量，该模型也被称为**动态线性模型**（**Dynamic Linear Model**，**DLM**）。我们也会介绍基于数据点与预期的显著偏差来识别异常的相关技术。

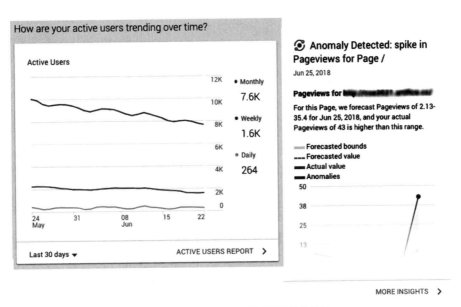

图 6-1　Google Analytic 的趋势和异常报告

推特也可以为用户突出显示趋势，从而带来相应价值。通过检查推文中的话题标签和提到的专有名词，推特可以将推文正确地分组，然后分析哪些群组的推文在短时间内增长最快。推特主页（向未登录的用户所展示的页面）突出显示了这些趋势群组（如图 6-2 所示）。在没有任何用户信息的情况下，它们可以显示全球范围内的趋势群组，但是这个功能同时也提供小范围的服务。本章中，我们将介绍一种根据数据流计算增长率的技术。识别趋势群组也就是将具有最大趋势改变的群组找出来。但是,从图6-2中我们可以发现,推特并没有将重点放在趋势群组的多样性上,因为有数个趋势都与同一种全球性现象(2018年世界杯)相关。

图6-2　推特主页

上文提到的两个例子都突出了趋势和异常可以为用户带来价值。但是,与此同时,很多组织也可以将类似的技术应用于内部的数据流来得到有价值的信息。例如,一个组织的IT部门检测到异常的网络活动是十分重要的,这可能表示有潜在攻击、僵尸网络活动、数据处理延迟、意外的网站流量改变以及其他用户参与的趋势,例如在产品支持论坛上的活动。根据数据的本质和我们想要检测的趋势和(或)异常的种类,可以使用多种算法来分析数据流。

在本章中,我们将介绍:

- 使用静态模型和移动平均模型发现线性趋势
- 发现周期性趋势,即行为模式可能会根据一周中的某天或一年中的某个月而发生改变
- 通过从正常活动中发现显著偏差从而检测异常,包括静态模型和移动平均趋势模型
- 使用**鲁棒主成分分析**(**Robust Principle Component Analysis,RPCA**)方法来识别异常
- 使用聚类而不是趋势分析来识别异常

技术概览

识别趋势和异常的方法非常相似。这两种情况中,我们都必须使模型适合于数据。这个模型描述什么是数据的"正常"状态。为了发现趋势,我们将为数据拟合一个趋势模型。趋势模型拟合数据的线性、二次、指数或其他类型的趋势。如果数据实际上并没有这样的趋势,模型就会很不合适。因此,我们也要看选择的模型与数据的匹配程度如何,如果匹配得不

够好,我们就要尝试其他模型。这一点尤为重要,因为,例如一个线性趋势模型可以应用于任何数据集,甚至那些本身并没有线性趋势的数据集(例如,2017 年中至 2018 年中比特币-美元兑换价格的盛衰周期)。这个模型不太适合,但是我们仍然可以使用其预测未来事件——我们对这些未来事件的预测很可能是错误的。

为了识别异常,我们使用一个数据正常情况下的模型,它可以识别那些与正常数据偏差较大的数据点。这个模型可以是一个趋势模型,然后我们可以识别出那些不符合趋势的数据点;也可以是一些更简单的东西,比如仅仅计算平均值(而不是一个随时间而发生的趋势),任何与平均值显著不同的数据点都被视为一个异常点。

本章我们将介绍多种趋势和异常检测器。哪种方法最适合特定的数据流或特定的问题,取决于一系列的因素,如图 6-3 和 6-4 中的决策树所示。

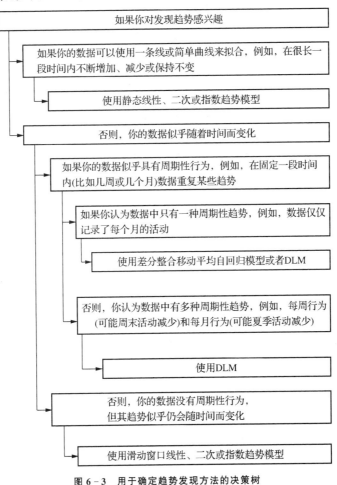

图 6-3　用于确定趋势发现方法的决策树

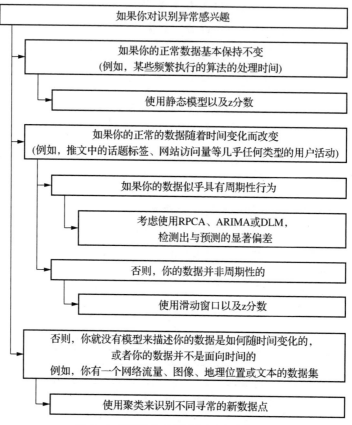

图 6-4 用于确定异常识别方法的决策树

本章其余部分依次研究了这些技术,并给出一些关于部署和评估的建议。

发现线性趋势

线性趋势可能是最简单的趋势了。当然,我们只会尝试在序列数据上找到这种趋势,比如按照时间排序的数据。对于本例,我们将使用 R-help 邮件列表(https://stat.ethz.ch/mailman/listinfo/r-help)的每日电子邮件消息频率,这是一个为在 R 语言编程学习过程中寻求帮助的用户提供的电子邮件列表。该邮件列表存档包含每封邮件的内容和发送时间。我们希望找到每日电子邮件消息频率的线性趋势,而不是每小时、每分钟、每月甚至每年。在应用趋势或异常分析模型之前,我们要决定频率的单位,因为每天的邮件数量也许具有较为明显的线性趋势,而每小时的邮件数量趋势可能是非线性的,具有很强的周期性(也就是说,某几个小时的邮件数量明显高于其他时间段),以至于我们用于分析的技术会有很大的改变。

加载数据集之前,我们必须要导入 pandas 库来加载 CSV 文件,导入 sklearn 库(scikit-learn, http://scikit-learn.org/stable/)用于趋势拟合算法和衡量拟合优度的指标(称为均方误差),以及导入 matplotlib 库来绘制结果图:

```
import numpy as np
from sklearn import linear_model
from sklearn.metrics import mean_squared_error
import pandas as pd
import matplotlib
matplotlib.use('Agg') # 用于保存图表
import matplotlib.pyplot as plt
```

接下来,我们要加载数据集。方便的是,pandas 库可以直接从压缩的 CSV 文件中读取数据。由于数据有一个 data 字段,我们指定这个字段的位置并用它作为数据集的索引,就可以创建一个序列(面向时间的)数据集了:

```
msgs = pd.read_csv(
'r-help.csv.zip', usecols= [0,3], parse_dates= [1], index_col= [1])
```

数据集包含了所有邮件的内容,所以我们接下来按照发送的日期对邮件进行分组,然后统计出每天发送的邮件数量。我们还引入了一个新列,date_delta,用来记录该邮件是距离数据集创建之后的第几天发送的,而不是日历日期。这有助于我们应用线性趋势模型,因为模型并不是直接针对日历日期而设计的:

```
msgs_daily_cnts = msgs.resample('D').count()
msgs_daily_cnts['date_delta'] = \
(msgs_daily_cnts.index - msgs_daily_cnts.index.min()) / \
np.timedelta64(1,'D')
msgs_daily_cnts.sort_values(by= ['date_delta'])
msgs_daily_cnts = msgs_daily_cnts[:5000]
```

请注意前面代码块中的最后一行。我们只使用前 5 000 天的计数。在这个示例完成后,我们会使用整个数据集,并比较结果。

下一步是分离出最后的 1 000 个值来测试我们的模型。这需要我们使用较早的数据（训练集）建立模型，然后在稍晚的数据（测试集）上测试，以更准确地衡量模型在从未见过的数据上的准确率：

```
train = msgs_daily_cnts[:- 1000]
train_X = train['date_delta'].values.reshape((- 1,1))
train_y = train['Message- ID']

test = msgs_daily_cnts[- 1000:]
test_X = test['date_delta'].values.reshape((- 1,1))
test_y = test['Message- ID']
```

接下来，我们使用**线性回归**（**linear regression**）算法来对数据进行拟合。我们打印出相关系数（此时只有一个，因为我们只有一个输入值，也就是当前距离初始日期的天数），它表示趋势线的斜率：

```
reg = linear_model.LinearRegression()
reg.fit(train_X, train_y)
print('Coefficients: \n', reg.coef_)
```

最后一步需要做的是使用测试集的输入来预测一些新值，然后把所有数据加上趋势线绘制出来。我们还要计算预测值的均方误差。这个度量将所有误差累加，然后除以数据点的数量：$\Sigma(p-x)^2/n$，其中 p 代表预测值，x 代表真实值，n 代表数据点的数量。我们会持续的使用这个误差度量来了解预测值和测试数据的匹配程度：

```
predicted_cnts = reg.predict(test_X)

#  均方误差
print("Mean squared error: %.2f" % mean_squared_error(test_y,
predicted_cnts))

plt.scatter(train_X, train_y, color= 'gray', s= 1)
plt.scatter(test_X, test_y, color= 'black', s= 1)
plt.plot(test_X, predicted_cnts, color= 'blue', linewidth= 3)
```

结果如图 6-5 所示。相关系数，也就是趋势线的斜率，是 0.025，表示每天发送的邮件数量相比前一天有约 0.025 倍的增长。均方误差是 1 623.79。就其本身而言，这个误差值并不是很有用，但是将这个值和相同数据集上未来使用的数据点相比，就显得十分有帮助了。

假设现在我们不只查看邮件列表中前 5 000 天的数据，而是查看所有 7 259 天（从 1997 年 4

月 1 日至 2017 年 2 月 13 日)的数据。同时,我们留出最后 1 000 天的数据作为测试集,用来预测以及度量误差。大约从 10 年前的数据开始,邮件发送到邮件列表的频率出现了下降。适合整个数据集的线性模型可能无法解释这种下降,因为大多数数据都有增长的趋势。图 6 - 6 确实显示出这样的趋势。相关系数降低到了 0.018,表示邮件频率下降导致线性趋势向下调整,但趋势仍为正,且明显超过测试数据。此时的均方误差是 10 057.39。

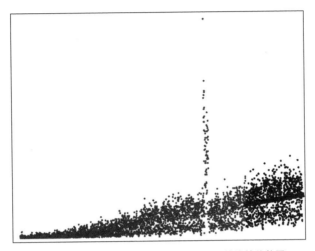

图 6 - 5　**R-Help** 邮件列表数据集部分数据的线性趋势图

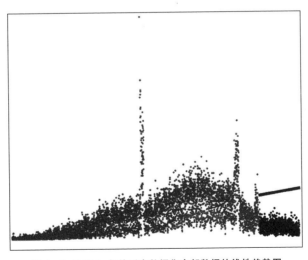

图 6 - 6　**R-Help** 邮件列表数据集全部数据的线性趋势图

这两个例子表明,一些现象会随着时间的推移而变化,单一的线性趋势并不能准确地解释这些变化。接下来,我们将看看适合不同时间范围的多个线性趋势的代码的一个简单变体。

利用滑动窗口发现动态线性趋势

为了更精确地模拟趋势变化,我们可以对同一个数据集拟合多个线性趋势。这是通过使用一个滑动窗口来实现的,它每次检查不同的窗口或数据块。在此,我们使用的窗口大小为1 000天,每个窗口每次将滑动500天。其他部分的代码保持不变,只是更新为数据块而不是整个数据集:

```
for chunk in range(1000, len(msgs_daily_cnts.index)-1000, 500):
  train = msgs_daily_cnts[chunk-1000:chunk]
  train_X = train['date_delta'].values.reshape((-1,1))
  train_y = train['Message-ID']

  test = msgs_daily_cnts[chunk:chunk+ 1000]
  test_X = test['date_delta'].values.reshape((-1,1))
  test_y = test['Message-ID']

  reg = linear_model.LinearRegression()
  reg.fit(train_X, train_y)
  print('Coefficients: \n', reg.coef_)

  predicted_cnts = reg.predict(test_X)
```

结果如图6-7所示。我们通过预测每条趋势线接下来的1 000天的数据来测试模型。均方误差从245.63(图左)到3 800.30(图中),再变为1 995.32(图右)。

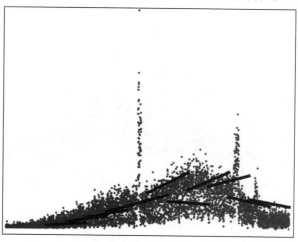

图6-7 R-Help邮件列表数据集上使用滑动窗口的线性趋势图

滑动窗口方法类似本章开头提到的 Google Analgtics 技术,也就是仅在最近的数据上进行训练以发现趋势和检测异常。在 R–Help 邮件列表案例中,1997 年的趋势与 2017 年的邮件列表活动没有什么关联。

发现周期性趋势

通常,数据遵循季节性或周期性趋势。这不仅适用于潮汐、天气和野生动物种群等自然现象,也适用于网站点击量和购买喜好等人类活动。有些趋势是以小时为单位的,例如人们每天发送电子邮件的时间(主要是工作时间);有些是以月为单位的,例如人们购买冰淇淋最多的月份,还有其他以各种时间长度(每分钟、每天、每年等等)为单位的趋势。如果数据遵循周期性趋势,那么我们如果仅仅对数据拟合一个线性趋势,就会错过反映周期性方面的大多数波动。相反,我们将看到的只是总体的长期性趋势。但是,有时我们想要预测下个月的销量或者下个星期的网站流量。为了实现这样的功能,我们需要一个更精细的模型。

我们将介绍两种方法:**差分整合移动平均自回归(Autoregressive Integrated Moving Average, ARIMA)** 模型和 DLM。我们会使用一个网站流量数据集来演示这两种方法,这些流量来自我以前的一个关于人工智能的大学课程网站。这个网站不再用于我目前的课程,所以它的所有流量均来自 Google 搜索引擎而不是来自与该网站相关的任何特定课程的学生。所以我们应该会看到人们对大学 AI 课程兴趣的周期性趋势,也就是说,这个周期性趋势与每个学年的春季或秋季相关,在夏季人们的兴趣并不明显。类似地,我们可以发现,与周末相比,工作日时的网站访问比较活跃。图 6-8 显示了几年来该网站的每日用户访问量。

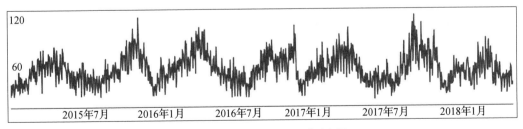

图 6-8　学术网站的每日用户访问量

粗略地观察这张图,我们可以看到每日流量有几个组成部分。首先,有一定的平均活跃度,这是一个保持在每天 40～50 个用户的常量。真实的访问量会高于或低于这个平均值,取决于所在的月份或一周中的哪一天。

从图中并没有看到明显的年度周期性趋势(例如,奇数-偶数年),也没有看到长期的活动增加或减少的趋势。所以,我们的趋势模型仅仅需要考虑一个恒定的活跃度以及针对所在的月份或一周中的哪一天的周期性影响。

ARIMA

ARIMA 是一个对周期性数据建模的常用方法。这个缩写名称包含了这个方法的重要特性。首先,Autoregressive 表示自回归,这部分将当前值的加权和作为预测值。参数 p 决定使用多少个当前值来预测。从数据上看,如果一旦开始上升并保持上升,或者一旦开始下降并保持下降,那么自回归方法就会有很高的准确率。例如,考虑流行效应,即如果一个流行的视频被越多的人观看,那么就会被越多的人观看和分享。请注意,ARIM 方法除了在每个窗口上只计算出一个点以外,自回归的部分类似于上文介绍的滑动窗口线性趋势方法。

Moving Average (移动平均)部分(我们先跳过 Integrated 部分)将当前误差的加权和作为预测值。在数据中那些剧烈变化而引起的偏差,可能是由于其他外部因素导致的。例如,如果一个网站链接了另一个热门新闻网站,假设我们的大学课程网站链接了福克斯新闻网,那么当天的访问量就会急剧上升,可能未来几天也会如此(然后访问量会逐渐下降到正常水平)。这个访问量的急剧上升就是一个误差,因为用户数量突然与平常不同,它的影响可能波及未来的某个数据点。每个误差值会影响多少数据点是由一个参数决定的。注意,与 ARIMA 的自回归部分一样,移动平均部分的加权和在总和中可能具有负权重,这意味着先前数据点的大幅增长可能导致预测的大幅下降。我们在网站流量数据中没有看到这样的趋势,但是在人口数量模型中,人口的大幅增长会导致资源消耗过快,从而导致人口急剧减少。

现在我们有两个参数,p 和 q,前者表示自回归滞后(需要考虑的先前数据点数量),后者表示移动平均滞后。**ARMA** 模型使用这两个参数,没有代表 ARIMA 中字母"I"的参数。也就是说,ARIMA 在模型中增加了最后的一个部分:字母"I"代表的差分整合(Integrated Differencing)部分,这部分将每个数据点的值用当前值和前一个值的差来代替。因此,这个模型实际上是描述数据如何根据各种因素(自回归和移动平均值)增加或减少的,我们可以称之为速度。

这对于随时间增加或减少的数据(例如温度或股票价格)很有用,其中每个值都略高于或低于先前值。对于每个时期"重新开始"(忽略周期性趋势)的数据,例如一个家庭一天的用电量、一天或一个月中访问某个网站的用户数量,这个整合组件就不那么有用了。参数 d 确定要计算多少差异。当 $d = 0$ 时,不使用整合组件(数据不变);当 $d = 1$ 时,每个值都减去其先前值;当 $d = 2$ 时,这种情况再次发生,因此创建的数据代表变化的加速度而不是速度,诸如此类。

ARIMA 在应用整合差分(如果有的话)之后,通过将自回归分量和移动平均分量的贡献相加来预测新值。

ARIMA 可以使用 p、d、q 参数捕获一些周期性。例如,使用这些参数的正确值,它可以模拟具有长期增长趋势的每日波动。但是,较长期的周期性需要额外的参数 P、D 和 Q,再加上另一个参数 m。参数 m 确定一个季节中有多少个点(例如,一个星期中有 7 天),参数 P、D 和 Q 像以前一样工作,但是只针对周期性数据。例如,参数 D 表示要获取的周期性数据有多少差异,因此 $D = 1$ 会使每个数据点减去其先前的周期性数据点一次。其先前的周期性数据点取决于一个周期的长度 m。因此,如果 $m = 7$,则每个数据点都减去前 7 天的值。同样,对于自回归和移动平均的周期性方面:它们的工作方式与以前相同,只是它们不是查看先前的数据点,而是查看先前的周期性数据点(例如,如果周期是每周,则每个星期二的数据点查看前一个星期二的)。将这些周期性自回归和移动平均方面与非季节性自回归和移动平均方面相乘,生成最终的周期性 ARIMA 模型,该模型有参数 p、d、q、P、D、Q 和 m。

Python 库 statsmodels(http://www.statsmodels.org/stable/index.html)为我们提供了使用特定参数拟合 ARIMA 模型的算法。Pyramid 库(https://github.com/tgsmith61591/pyramid)添加了 auto_arima 函数(R 的 auto.arima 函数的 Python 实现),以找到 ARIMA 模型的最佳参数。

我们首先加载数据:

```
series = pd.read_csv('daily-users.csv',header = 0,parse_dates = [0],
index_col = 0,squeeze = True)
```

下一步我们需要做的是通过指定周期长度(m=7 表示周期为每周)以及 p 和 q 的起始值和最大值来设置 ARIMA 搜索程序。请注意,我们仅将模型拟合到数据的子集,从一开始到 2017 年 12 月 31 日。我们将使用其余数据来测试模型:

```
from statsmodels.tsa.arima_model import ARIMA
from pyramid.arima import auto_arima
stepwise_model = auto_arima(series.ix[:'2017-12-31'], start_p=1,
start_q=1, max_p=5, max_q=5, m=7, start_P=0, seasonal=True,
trace=True, error_action='ignore', suppress_warnings=True,
stepwise=True)
```

搜索过程发现最好的参数组合是 $p=0, d=1, q=2, p=1, D=0$ 以及 $Q=1$。使用这组参数,我们再次拟合模型,然后用它在测试集上预测数据:

```
stepwise_model.fit(series.ix[:'2017-12-31'])

predictions =
stepwise_model.predict(n_periods=len(series.ix['2018-01-01':]))
```

此时均方误差为 563.10,这个值只有在稍后比较不同方法时才重要。图 6-9 展示了预测结果,深色的部分为预测值。我们看到预测值表现出周期性(某些天的访问量比其他高)以及一个线性的下降趋势,也就是 $d=1$ 所表示的。显然这个模型没有考虑月度数据的周期性。实际上,我们需要两种周期性数据(每周和每月),但是 ARIMA 并不支持——我们必须在数据中引入新的列来表示每个数据点对应的月份。

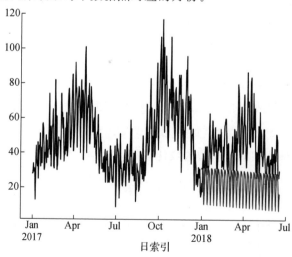

图 6-9 ARIMA 在具有每周周期性的数据上的每日访问量预测

如果我们将数据转换为月度数据，ARIMA 会有较好的表现，因为只有一个周期需要考虑。我们可以把每个月的访问量加起来实现这一转换：

```
series = series.groupby(pd.Grouper(freq= 'M')).sum()
```

现在我们改变周期长度为 12：$m=12$，然后再次运行 auto_arima 函数：

```
stepwise_model =
auto_arima(series.ix['2015- 01- 01':'2016- 12- 31'],
start_p= 1, start_q= 1, max_p= 5, max_q= 5, m= 12, start_P= 0,
seasonal= True, trace= True, error_action= 'ignore',
suppress_warnings= True, stepwise= True)
```

结果如图 6-10 所示，很显然匹配得更好了，均方误差达到了 118 285.30（这个数值更高了，因为相对每天的访问量而言，每个月的访问量更大）。

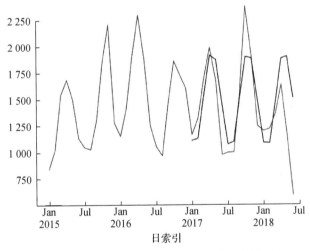

图 6-10　ARIMA 在具有每月周期性数据上的每月访问量预测

接下来，我们介绍另一个对周期性数据建模的方法，该方法有时更加准确。

动态线性模型

DLM 是 ARIMA 模型的推广。它们都属于状态空间模型（也被称作贝叶斯状态时空序列模型），模型的各种动态，例如线性趋势、周趋势、月趋势，都可以作为对观测值（例如，网站访客数量)有贡献的不同组件。每个组件的参数,例如从周日到周一的每日访客数量有多少变化,都是模型同时学习到的,这样最终模型可以拥有来自每个组件的最优加权贡献。

Python 库 pydlm(https://github.com/wwrechard/PyDLM)允许我们以声明的方式指定模型的组件。我们可以在模型中构建多个基于不同时间的组件,而不是像 ARIMA 的简单应用那样,只能使用单个周期性组件。我们也不需要考虑那些不够直观的参数,例如 ARIMA 中的自回归和移动平均。

一个 pydlm 模型可以包含趋势(常数、线性、二次等,由 degree 参数指定)、周期性信息和长期周期性信息。首先,我们将构建一个具有恒定趋势和每周周期性组件的模型。恒定的趋势使模型可以从一个特定值开始(根据我们的数据大约为 50),然后随着每周周期性的影响而偏离该值更高或更低(星期日会较低,星期一会略高):

```
from pydlm import dlm, trend, seasonality, longSeason

constant = trend(degree= 0, name= "constant")
seasonal_week = seasonality(period= 7, name= 'seasonal_week')
model = dlm(series.ix['2015- 01- 01':'2017- 12- 31']) + \
constant + seasonal_week
```

接下来,我们拟合模型(学习参数)并获得均方误差,以查看其学习到的与训练数据的匹配程度。然后我们根据测试数据做出一些预测:

```
model.fit()
predictions, _ = model.predictN(N= 168)
```

图 6-11 显示了在数据范围内学习到的恒定趋势。在检查了所有训练数据之后,该模型最终确定了一个恒定值,即每天约有 50 个访客。然后,以周为周期来调整此恒定值,看起来像从 +7 到大约 -12 的正弦曲线。换句话说,一周中某天的影响可以使访客数量从平均值增加 7 个或减少 12 个。结合这两个组件,我们得到的预测如图 6-12 所示。由于我们希望保持恒定趋势,因此这些预测没有下降趋势。同样的每周周期性的 ARIMA 数字呈下降趋势,这是由参数 $d = 1$ 所致,它有效地将原始访客计数改变为访客速度(与前一天相比上升或下降),从而允许在此过程中了解线性趋势。如果我们在前面的代码中更改 trend() 函数中的参数 degree = 0,则 DLM 方法也支持相同的方法。无论如何,DLM 预测的均方误差为 229.86,不到我们在 ARIMA 示例中看到的误差的一半。这主要是由于预测徘徊于数据均值而非最小值。在这两种情况下,预测都没有用,因为在任何一个模型

中都没有考虑到每月周期性方面。

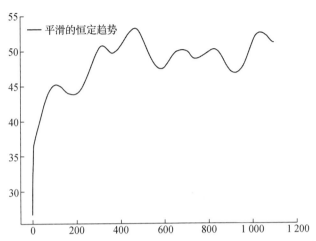

图 6-11　通过 DLM 获得的恒定趋势。x 轴的单位与数据的相同,即网站每日访客的数量

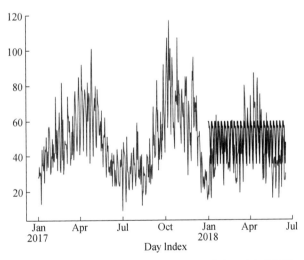

图 6-12　DLM 在具有每周周期性的数据上的每日访问量预测

为了改进我们的模型,我们可以在 DLM 模型中添加一个 longseason 组件。这对于 ARIMA 来说将是困难的(我们将不得不在数据中引入额外的字段),但是对于 pydlm 来说却很简单:

```
constant = trend(degree= 0, name= "constant")
seasonal_week = seasonality(period= 7, name= 'seasonal_week')
```

```
seasonal_month = longSeason(period= 12, stay= 31,
data= series['2015- 01- 01':'2017- 12- 31'], name= 'seasonal_month')
model = dlm(series.ix['2015- 01- 01':'2017- 12- 31']) + \
constant + seasonal_week + seasonal_month
model.tune()
model.fit()
```

这次我们使用 model.tune(),以便 pydlm 花更多时间搜索不同组件的最优权重。

请注意,在 pydlm 中,长周期与常规周期不同,因为在常规周期中,数据集中的每一行都会更改其周期性字段。例如,对于每周周期性而言,第 1 行是第 1 天,第 2 行是第 2 天,第 3 行是第 3 天,依此类推,直到再次回绕:第 8 行是第 1 天,依此类推。period 参数指示值回绕多长时间。另一方面,在长周期中,相同的值会持续出现在不同的行上,直到达到参数 stay 指定的长度。因此,第 1 行是第 1 个月,第 2 行是第 1 个月,第 3 行是第 1 个月,依此类推,直到第 31 行是第 2 个月,依此类推。最终,根据 period 参数,月份也会回绕:第 373 行是第 1 个月,依此类推(12 ×31 = 372,与一年中的天数不完全匹配)。

拟合模型后,我们可以绘制恒定组件和每月组件。也可以绘制每周组件,但是由于数据中周数太多,因此很难理解,它看起来就像之前的正弦曲线一样。图 6 - 13 显示了恒定趋势和每月趋势。

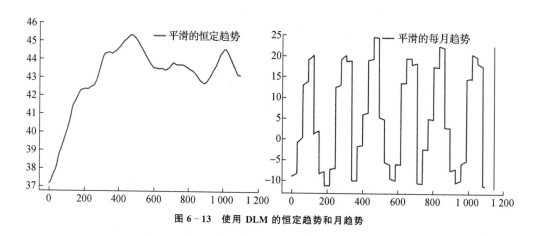

图 6 - 13　使用 DLM 的恒定趋势和月趋势

现在,我们的每日预测可以更好地与测试数据匹配,如图 6 - 14 所示。我们可以看到每周周期性影响(快速波动)和每月周期性影响(每周周期的周期性跳跃和下降)。均方误差为 254.89,略高于我们在添加每月组件之前看到的值。但是从图中可以清楚地看出,每月组件起着主要作用,我们应该期望,随着时间的推移(在更大的月份范围内),预测会比不包含每月组件的模型更为准确。

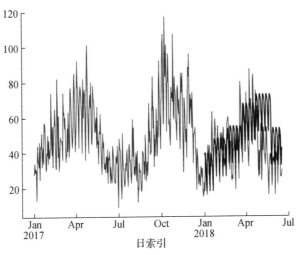

图 6-14　DLM 在具有每周周期性和每月周期性的数据上的每日访问量预测

最后,我们可以将网站使用情况数据汇总为月度值,并构建一个仅使用恒定和每月周期性的 DLM 模型,就像我们在第二个 ARIMA 示例中所做的那样:

```
series = series.groupby(pd.Grouper(freq= 'M')).sum()

from pydlm import dlm, trend, seasonality, longSeason

constant = trend(degree= 0, name= "constant")
seasonal_month = seasonality(period= 12, name= 'seasonal_month')
model = dlm(series.ix['2015- 01- 01':'2016- 12- 31']) + \
constant + seasonal_month

model.tune()
model.fit()
```

请注意,这次我们没有使用长周期方法,因为现在每一行都代表一个月的计数,因此月份应该在每一行上都更改。图 6-15 显示了预测结果。模型的均方误差为 146 976.77,比 ARIMA 略高(更差)。

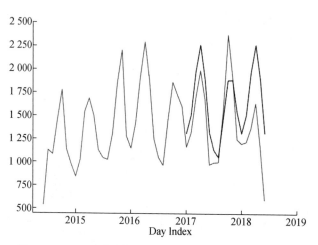

图 6 - 15　DLM 在具有每月周期性的数据上的每月访问量预测

识别异常

异常是一种与趋势不同但相关的信息。趋势分析旨在发现数据流中的正常现象,而异常识别则是要找出数据流中代表的哪些事件显然是异常的。要识别异常,必须对什么是正常有所了解。另外,识别异常需要在标记为异常之前确定其与正常数据之间的差距的阈值。

我们将介绍 4 种识别异常的技术。首先,我们将设计两种使用 z 分数 (z - scores) 的方法来识别与平均数据点显著不同的数据点。然后,我们将研究主成分分析的一种变体,这是一种类似于第 4 章中的奇异值分解的矩阵分解技术,它将正常数据从异常或将极端事件从噪声中分离出来。最后,我们将使用来自聚类分析的余弦相似度技术来识别明显偏离常态的事件。

识别异常使我们能够识别并可能移除与总体趋势不符的数据点。例如,我们可以识别活动的突然增加或数据处理效率的突然下降。

我们将在示例中使用三个数据集:特定文本分析操作的处理时间记录、Wikipedia 英文主页的页面浏览量(https://tools.wmflabs.org/pageviews/? project= en.wikipe-dia.org&platform= all - access&agent= user&start= 2015 - 07 - 01&end= 2018 - 06 - 29&pages= Main Page)以及 Gafgyt (https://krebsonsecurity.com/

2016/09/krebsonsecurity-hit-with-record-ddos/) 和 Mirai(https://blog.cloudflare.com/inside-mirai-the-infamous-iot-botnet-a-retrospective-analysis/)攻击发生前后到达恒温器的网络流量日志。

静态模型的 z 分数

识别异常的最简单方法也许是检查数据点是否与给定数据流的平均值相差很大。考虑一个处理时间数据集,该数据集度量某个文本处理任务(识别文档中的关键字)对不同文档花费的时间。这是一个典型的"长尾"分布,其中大多数文档花费很短的时间(例如 50～100 毫秒),但是有些文档花费的时间非常长(1 秒或更长时间)。幸运的是,很少有这么长处理时间的情况。同样,文档处理时间也有很大的差异,因此我们将为异常处理时间设置一个较大的阈值。图 6-16 为处理时间的直方图,展示了长尾现象。

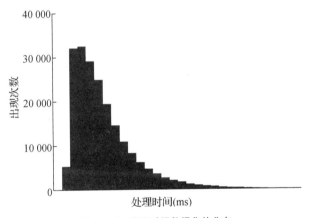

图 6-16 处理时间数据集的分布

我们可以使用被称为 z 分数的简单计算来计算某个值相对于数据集中值的平均值和偏差的正常或异常程度。对于每个值 x,其 z 分数定义为 $z = x\mu\sigma$,其中 μ 是值的平均值,而 σ 是标准偏差。在 Python 中,使用 NumPy 的 mean() 和 std() 函数可以很容易地计算平均值和标准偏差,但是我们也可以只使用 SciPy 的统计库函数 zscore()。

首先加载数据集,然后为每个值计算 z 分数:

```
import pandas as pd
```

```
import scipy.stats

times = pd.read_csv('proctime.csv.zip', ...)

zscores = scipy.stats.zscore(times['proctime'])
```

接下来,可以使用 matplotlib 库绘制数据点,将低于 z 分数阈值的那些标记为灰色(正常),将高于阈值的那些标记为黑色(异常)。z 分数也可以是负数,表明在平均值以下有显著差异,但是我们的处理时间数据没有显示出此属性(参见图 6-16 的直方图),因此不必费心去区分特别快的处理时间:

```
plt.scatter(times.ix[zscores <  5.0].index.astype(np.int64),
times.ix[zscores <  5.0]['proctime'], color= 'gray')
plt.scatter(times.ix[zscores >= 5.0].index.astype(np.int64),
times.ix[zscores >= 5.0]['proctime'], color= 'red')
```

图 6-17 中的结果表明,以黑色标识的处理时间明显长于正常时间。我们可以设计一个系统来记录这些值和导致较长处理时间的文档,以作进一步调查。

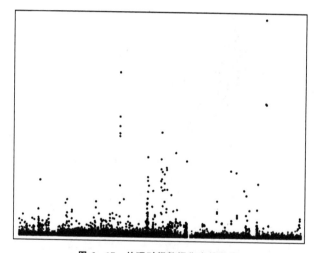

图 6-17 处理时间数据集中的异常

接下来,我们将切换到 Wikipedia 英文主页的页面浏览量数据集。此数据是从 Wikimedia Toolforge(https://tools.wmflabs.org/pageviews/? project= en.wikipedia. org&platform= all - access&agent = user&start = 2015 - 07 - 01&end = 2018 - 06 - 29&pages = Main_Page)下载的 。图 6-18 显示了数据的分布图。请注意,

由于某些未知的原因,页面浏览量在 2016 年 7 月激增。如果我们的异常检测器可以识别出这个峰值,那将会很有趣。

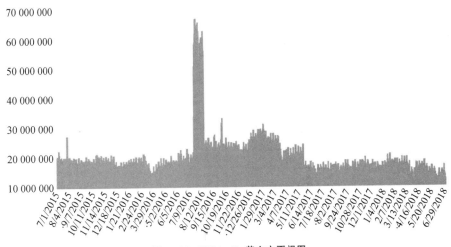

图 6-18　Wikipedia 英文主页视图

将相同的 z 分数方法应用于 Wikipedia 数据集很简单。但是,在这一点上尝试使用不同的 z 分数阈值是有益的。在处理时间数据集中,我们仅演示了阈值 5.0 的情况,该阈值非常大。图 6-19 显示了不同的 z 分数阈值的影响。在所有情况下,我们都会检查 z 分数的绝对值,因此如果阈值为 0.5,则当 z 分数 小于 -0.5 或大于 0.5 时,我们认为数据点异常。对于较低的阈值(例如 0.5),会在每日页面浏览量的平均范围之上和之下都检测到异常。7 月份的峰值被认为是完全异常的。在较高的阈值(例如 2.0 和 3.0)时,仅峰值的尖端被认为是异常的。

在这一点上,我们应该问自己,这是我们想要的异常检测吗? 与处理时间数据集不同,Wikcpedia Pageview 统计数据集是一个动态系统。兴趣会随着时间的推移而上升或下降,而处理时间应该是相对恒定的(除非正在处理的文档发生巨大的变化或处理算法发生变化,而这两者在系统工程师不知道的情况下都是不可能发生的)。如果对 Wikipedia 的兴趣随着时间的推移而上升,那么最终兴趣会上升到所有这些数据点都将被视为异常的程度,直到更高的兴趣开始主导数据集并成为新的常态。

因此,使用移动平均或滑动窗口来评估 Wikipedia 数据集可能更合适。异常的页面浏览量取决于最近发生的事情,而不是 5 年前发生的事情。如果最近的兴趣突然上升或下降,我们就想知道。在下一节中,我们将把 z 分数方法应用于滑动窗口。

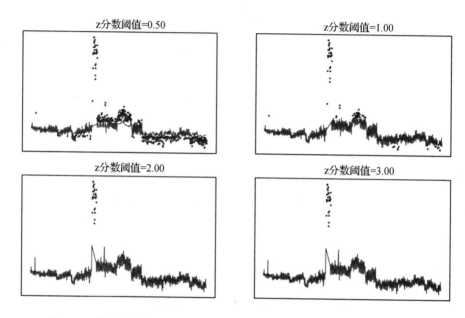

图 6 - 19　用于异常检测的各种 z 分数阈值对 Wikipedia Pageview 统计数据集的影响

滑动窗口的 z 分数

为了将 z 分数应用于滑动窗口,我们只需要保留数据块或窗口,计算 z 分数,分离异常,然后将窗口向前滑动。对于此示例,我们将向后看一个月,因此我们的窗口大小为 30 天(30 行数据)。我们将计算窗口中最近一天的 z 分数,而不是所有值;然后将窗口向前滑动一天,并检查该数据的 z 分数(基于之前的 29 天),依此类推(请注意,我们将无法在前 29 天的数据中检测到异常):

```
chunksz = 30 # 一个月
chunk = pageviews.ix[:chunksz]['Views']
for i in range(1, len(pageviews)- chunksz):

  zscores = np.absolute(scipy.stats.zscore(chunk))

  # 检查最近的值是否异常
  if zscores[- 1] > zscore_threshold:
    pageviews.at[pageviews.index[i+ chunksz- 2], 'Anomalous'] = True
```

```
# 删除最旧的值,添加新值
chunk = pageviews.ix[i:i+ chunksz]['Views']
```

图 6 - 20 显示了滑动窗口和不同 z 分数阈值的结果。请注意,尤其是在阈值 1.5 和 2.0 的情况下,2016 年 7 月峰值的初始上升被标记为异常,但接下来的几天并没有被标为异常。然后回落至 7 月前的水平时再次标记为异常。这是由于在峰值开始之后,较高值现在被认为是正常的(它们导致更高的平均值),因此在这个新峰值上持续的页面浏览量并不是异常的。这种行为更像 Twitter 和其他网站显示"趋势话题"或类似内容时表现的行为。一旦某个话题不再流行,只是在很长一段时间内保持高人气,它就不再是趋势,这很正常。

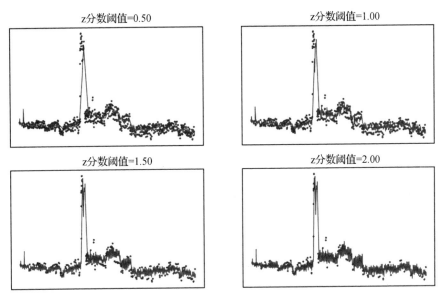

图 6 - 20　Wikipedia Pageview 统计数据集上不同阈值的滑动窗口 z 分数

RPCA

现在,我们将介绍一种完全不同的方法来识别 Wikipedia Pageview 统计数据集中的峰值,它被称为 RPCA(*Robust principal component analysis?, Candès, Emmanuel J., Xiaodong Li, Yi Ma, and John Wright, Journal of the ACM(JACM), Vol. 58, No.3, pp. 11 -49, 2011*,使用主成分分析(一种类似于第 4 章中所示的奇异值分解的技术)将矩阵 M 分解为低秩矩阵 L、稀疏矩阵 S 以及包含小值的矩阵 E。

将这些矩阵加起来以重建 M：$M = L + S + E$。因此，所有矩阵都是相同大小的（行和列）。当我们说 L 为低秩矩阵时，意味着它的大多数列都可以被计算为 L 中其他列的倍数或组合，而当我们说 S 为稀疏矩阵时，则意味着它的大多数值为零。RPCA 算法的目标是找到 L、S 和 E 的最优值，以满足这些约束并且使它们的和形成原始矩阵 M。

乍一看，RPCA 似乎与异常检测完全无关。但是，请考虑以下情形。假设 M 是一个温度观测矩阵，有 365 行 10 列，每列有 365 个值，并且每天有一个温度观测值（例如，高温）。在第二年，我们移至第二列，记录了 365 个观测值，依此类推，跨越 10 年（10 列）。现在，如果我们应用 RPCA，则 L 的秩将较低，这意味着许多列将是其他列的倍数或组合。这是有道理的，因为每年的气温大多会重复出现，只有一些细微的变化。因此，这些列代表了数据的周期性组件（每年），L 利用了这一事实。温度的任何显著偏差、离群值或异常现象都将移至 S。大多数日子没有异常温度（破纪录的高点或低点），因此 S 的大部分值为零。最终，E 每天都会有一些细微变化（即噪声），这些变化会从 L 中剔除，从而使 L 可以保持低秩。即使消除异常后，温度也不具有完美的周期性，因此 E 具有一些微小的误差。

出于我们的目的，我们可以从 S 中读取异常：任何非零的值都是异常的记录。如果有用，我们也可以将 L 视为数据的典型值或平滑值的记录，并将其用于预测。

使用 RPCA 最简单的方法是通过其 R 接口。首先，必须安装包：

```
library(devtools)
install_github(repo = "Surus", username = "Netflix",
subdir = "resources/R/RAD")
```

接下来，在加载数据集之后，我们调用 AnomalyDetection.rpca 函数，提供每日值（X）、日期和频率（我们将选择 30 天）：

```
anomalies <- AnomalyDetection.rpca(X= mainpage_dates["Views"],
dates= mainpage_dates["Date"], frequency= 30)
```

结果是一个包含每个数据点的 L、S 和 E 值的数据结构。该库还提供了一个绘图函数，我们用它来生成图 6-21。图中间的黑线为原始数据集，黑色为 L，底部的灰色为 E，异常为点，S 为非零值。黑点的大小表示异常的大小。我们可以看到，RPCA 方法识别出许多与我们先前的方法相同的异常。

有趣的是，可能是由于我们的 30 天频率，2016 年 7 月峰值的几乎全部数据都被认为是异常的,而回落到正常水平则不被认为是异常的。RPCA 可一次检查所有数据,并能够检测长期趋势(例如整个数据集时间范围内的线性上升),但是与我们的滑动窗口 z 分数方法不同的是,RPCA 不会在连续的基础上改变其正常的定义

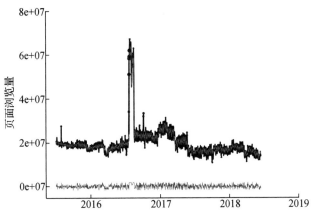

图 6 - 21　**Wikipedia Pageview 数据集上的 RPCA 异常检测**

聚类

我们用于识别异常的最后一种技术是最简单的。像往常一样,我们将开发一个关于数据正常情况的模型,并且像 z 分数方法一样,我们将完全不修改数据。我们将使用距离计算来衡量一个新数据点与其他数据点或平均数据点的相似度或不相似度,并判断新数据点是否太不相似,因而是异常的。

这种方法借鉴了一种称为聚类的技术,聚类是根据数据之间的相似或不同对数据进行分组的。类似的事物形成集群。一旦我们有了一个集群,就可以创建一个假设的平均点来识别集群的中心。像 **k-means 聚类**这样的算法就是这样工作的。

为了识别异常,我们不一定需要多个集群。我们只需要一个相似度或距离函数和一个最大距离的阈值。在我们认为一个新数据点异常之前,它可能离集群中心很远。有几种距离函数可用,包括欧几里得距离(直线距离)、曼哈顿距离(从 A 点到 B 点的路径长度,只有 90 度转弯,没有对角线)以及余弦相似度。我们在第 4 章中定义了余弦相似度,当时我们考虑的是基于内容的推荐。余弦距离为 1.0-余弦相似度。

对于测试数据集,我们将使用网络流量数据并尝试识别 Gafgyt 和 Mirai 僵尸网络攻击(*N—BaIoT:Network-based Detection of IoT Botnet Attacks Using Deep Autoencoders*,*Y. Meidan*,*M. Bohadana*,*Y. Mathov*,*Y Mirsky*,*D.Breitenbacher*,*A.Shabtai*,*and Y.Elovici*,*IEEE Pervasive Computing*,*Special Issue-Seauring the IoT*,*July/Sep 2018*)。首先,加载两个数据集:

```
import numpy as np
import pandas as pd

benign_traffic = pd.read_csv('benign_traffic.csv.zip')
gafgyt_traffic = pd.read_csv('gafgyt_traffic.csv.zip', nrows= 2000)
```

数据集中的每一行都包含一些简单的统计信息,这些统计信息来自一个与互联网连接的恒温器设备上最近网络流量的不同滑动窗口。滑动窗口分别为 100ms、500ms、1.5s、10s 和 60s。简单的统计信息包括数据包大小的平均值和方差、数据包计数、数据包之间的时间等。最终,数据集的每一行都有 115 个属性。

接下来,我们应该可视化我们的距离度量(欧几里得、余弦等)是否正确地将良性流量与僵尸网络流量分开。我们将两个数据集放在一起,然后找到每两个点之间的距离(在我们的例子中为余弦距离)。然后,我们使用主成分分析将大的距离矩阵缩减至仅能最好地描述点之间关系(距离)的两个维度(x 和 y),结果如图 6-22。我们看到,尽管有一些重叠,但在大多数情况下,良性流量(灰色)与僵尸网络流量(黑色)是分开的。

现在,我们将为异常检测器编写代码。首先,我们定义一个平均数据点作为良性流量的代表:

```
from sklearn.metrics.pairwise import cosine_distances
benign_avg = np.median(benign_traffic.values, axis= 0,
keepdims= True)
```

然后,我们设置一个阈值,使最小距离被认为是一个异常。我们选择 0.99(余弦距离的范围为 0~1)。这个阈值是通过检查以下内容找到的:

- 良性记录与平均良性记录有多相似? 答案:最小值 = 0.0,最大值 = 0.999,平均值 = 0.475,中值 = 0.436。
- 僵尸网络记录与平均良性记录有多相似? 答案:最小值 = 0.992,最大值 = 0.999,平均值 = 0.992,中值 = 0.992。

这些结果使我们得出结论,尽管存在一些误报(将良性流量标记为僵尸网络流量),因为一些良性流量确实会从正常的良性流量中凸显出来,但一个很高的阈值将很有作用。

我们设置阈值,然后通过计算到平均良性点的所有距离来检查有多少真阳性和假阳性(误报),然后应用阈值:

```
threshold = 0.99

benign_avg_benign_dists = cosine_distances(
benign_avg, benign_traffic)
benign_avg_gafgyt_dists = cosine_distances(
benign_avg, gafgyt_traffic)

print("Benign > = threshold:")
print(np.shape(benign_avg_benign_dists[np.where(
benign_avg_benign_dists > = threshold)]))
print("Benign < threshold:")
print(np.shape(benign_avg_benign_dists[np.where(
benign_avg_benign_dists < threshold)]))

print("Gafgyt vs. benign > = threshold:")
print(np.shape(benign_avg_gafgyt_dists[np.where(
benign_avg_gafgyt_dists > = threshold)]))
print("Gafgyt vs. benign < threshold:")
print(np.shape(benign_avg_gafgyt_dists[np.where(
benign_avg_gafgyt_dists < threshold)]))
```

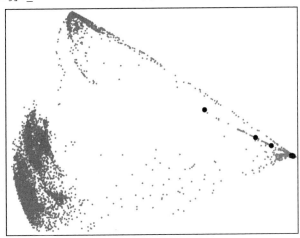

图 6-22 基于余弦距离分开的良性流量(灰色)和僵尸网络流量(黑色),并通过主成分分析将其降为二维

结果如下：

- 良性流量 ＞ 阈值(误报)：1 291 条记录
- 良性流量 ＜ 阈值(真阴性)：11 820 条记录
- Gafgyt 流量 ＞ 阈值(真阳性)：2 000 条记录
- Gafgyt 流量 ＜ 阈值(漏报，false negative)：0 条记录

因此，除了一些积极因素外，这种方法似乎是有效的。误报大概对应于图 6 - 22 中的灰色点，表明某些良性流量看起来像(余弦相似)僵尸网络流量。

对此方法的一个更有用的测试是引入新的僵尸网络流量，在这种情况下，可使用由同一个数据集提供的 Mirai 流量(https://blog.cloudflare.com/inside - mirai - the - infamous - iot - botnet - a - retrospective - analysis/)。在不更改阈值的情况下，这种方法还能识别 Mirai 流量吗？

```
# 最终测试，新的攻击数据
mirai_traffic = pd.read_csv('mirai_udp.csv.zip', nrows= 2000)

benign_avg_mirai_dists = cosine_distances(
benign_avg, mirai_traffic)

print("Mirai vs. benign > = threshold:")
print(np.shape(benign_avg_mirai_dists[np.where(
benign_avg_mirai_dists > = threshold)]))
print("Mirai vs. benign < threshold:")
print(np.shape(benign_avg_mirai_dists[np.where(
benign_avg_mirai_dists < threshold)]))
```

结果如下：

- Mirai 流量 ＞ 阈值(真阳性)：2 000 条记录
- Mirai 流量 ＜ 阈值(漏报)：0 条记录

因此，对于这些数据，如果我们能接受一些误报(良性流量看起来像僵尸网络流量)，那么这种方法是有效的。但是请注意，与我们的 9.8% 的误报率相比，发布此数据集的研究人员得到的误报率约为 2.5%(*N -BaIoT：Network-based Detection of IoT Botnet Attacks Using Deep Autoencoders，Y. Meidan，M.Bohadana，Y. Mathov，Y.Mirsky，D. Breitenbacher，A.Shabtai， and Y.Elovici，IEEE Pervasive Computing， Special Issue-Securing the*

IoT，July/ Sep 2018）。他们使用了一种更复杂的方法，称为**深度自动编码器**（**deep autoencoder**）。

部署策略

有很多用于发现趋势和异常的用例，也有很多可以实现这些目标的技术。本章仅回顾了一些流行的方法。我们不会使用示例代码来探索所有不同的用例，但是我们将讨论两种情况。首先，回顾一下 Google Analytics 异常检测器。它通过将观测到的页面浏览量或访客数量与预测数量进行比较，来通知用户某个网站的页面浏览量或访客数量异常（非常高或非常低）。预测数量有一个范围（奇怪的是，图 6 - 1 所示截图中的范围是一天的页面浏览量为 2.13 到 35.4，这不是一个特别精确的预测），而观测值（页面浏览量为 43）超出了这个范围。还记得本章介绍中引用的 Google Analytics 文档指出，它们使用了一个带有贝叶斯状态时空序列模型的 90 天窗口。

我们在上一节中开发了一种称为 DLM 的模型。我们使用 DLM 来检测趋势，但是我们也可以使用该模型通过将观测值与预测值进行比较来检测异常。DLM 模型可以给出序列中下一个值的预测，并加上一个置信度范围。从技术上讲，该模型是通过模拟采样的，预测值是一个均值，而置信度是方差。使用此均值和方差，我们可以计算 z 分数，然后将其转换为 p 值。p 值告诉我们这些发现是有意义的还是更有可能是偶然的。当 p 值较低（即小于 0.10）时，我们可以认为观测值是有意义的，即是异常。

下面是用过去 90 天的数据训练 DLM、进行预测并要求用户进行观测的代码。对于每个观测值，模型给出该观测值的 p 值；对于任何 p<0.10 的观测值，我们都可以认为是异常：

```
import math
import pandas as pd
import scipy.stats

series = pd.read_csv('daily- users.csv', header= 0, parse_dates= [0],
index_col= 0, squeeze= True)
# 使用过去 90 的数据
series = series.ix[- 90:]

from pydlm import dlm, trend, seasonality
```

```
constant = trend(degree= 0, name= "constant")
seasonal_week = seasonality(period= 7, name= 'seasonal_week')
model = dlm(series) + constant + seasonal_week
model.tune()
model.fit()

# 预测一天
predictions, conf = model.predictN(N= 1)
print("Prediction for next day: % .2f, confidence: % s" % \
(predictions[0], conf[0]))

while True:
  actual = float(input("Actual value? "))
  zscore = (actual - predictions[0]) / math.sqrt(conf[0])
  print("Z- score: % .2f" % zscore)
  pvalue = scipy.stats.norm.sf(abs(zscore))* 2
  print("p- value: % .2f" % pvalue)
```

下面是一个运行示例：

```
Prediction for next day: 53.24, confidence: 197.08857093375497 Actual value? 70
Z- score: 1.19
p- value: 0.23
Actual value? 80
Z- score: 1.91
p- value: 0.06
Actual value? 90
Z- score: 2.62
p- value: 0.01
Actual value? 30
Z- score: - 1.66
p- value: 0.10
Actual value? 20
Z- score: - 2.37
p- value: 0.02
```

我们看到预测的第二天访客人数为 53，该预测的方差为 197。如果我们将 p 值的阈值设置为 0.10，则（假设）观测到的访客数大约在 75＋ 或小于 30 时将被认为是异常。

在与部署有关的第二个示例中，我们演示了如何谨慎构建基于干净数据的模型。如果使用任何类型的模型（DLM、ARIMA、z 分数等），则该模型将代表训练数据的正常情况。如果训练数据包含异常值，那么它将是一个糟糕的趋势估计器或异常检测器。考虑我们的聚类方法，它是通过取一组观测值的中值来构建一个平均数据点的。在前面的示例中，这些观测到的流量被认为是良性流量,而不是僵尸网络攻击流量。然后,我们将阈值设置为 0.99,以辨别一个新点与该平均值之间的距离(以余弦距离计算)有多远才会被认为太远了,从而区分不同类型的流量(不是良性的,因此可能是攻击)。

如果我们不能完全确定训练数据不是完全良性的,则我们的平均良性数据点可能会受到训练集中不良数据的影响。在下面的代码块中,我们通过在良性数据集中包含不同数量的 Gafgyt 攻击数据来模拟此情况。我们还将阈值降低到 0.90 来演示这一点。我们将看到,随着训练数据中不良数据量的增加,最终将达到一个点,此时所有的准确性统计信息(真阳性、误报等)都变得非常糟糕。这是因为由于不良数据的影响,中值良性数据点已经偏移了太多,以至于该模型完全无法用作网络流量的异常检测器:

```python
import numpy as np
import pandas as pd
from sklearn.metrics.pairwise import cosine_distances

benign_traffic_orig = pd.read_csv('benign_traffic.csv.zip',
nrows= 2000)
gafgyt_traffic = pd.read_csv('gafgyt_traffic.csv.zip',
nrows= 2000)

# 注入不同数量的不良数据
for n in [0, 500, 1000, 1500, 2000]:
  benign_traffic = pd.concat(
[benign_traffic_orig.copy(),gafgyt_traffic[:n]], axis= 0)

  # 定义"平均"良性流量
  benign_avg = np.median(
benign_traffic.values, axis= 0, keepdims= True)

  # 计算与此均值之间的距离
  benign_avg_benign_dists = cosine_distances(
benign_avg, enign_traffic_orig)

  threshold = 0.90
  benign_avg_gafgyt_dists = cosine_distances(
benign_avg, gafgyt_traffic)

  fp = np.shape(benign_avg_benign_dists[np.where(
benign_avg_benign_dists > = threshold)])[0]
  tn = np.shape(benign_avg_benign_dists[np.where(
benign_avg_benign_dists < threshold)])[0]
  tp = np.shape(benign_avg_gafgyt_dists[np.where(
benign_avg_gafgyt_dists > = threshold)])[0]
```

```
fn = np.shape(benign_avg_gafgyt_dists[np.where(
benign_avg_gafgyt_dists < threshold)])[0]
```

如果我们为每次迭代打印真阳性、误报、真阴性和漏报值,我们将看到以下内容:

```
Bad data: 0        tp = 2000   fp = 504    tn = 1496   fn = 0

Bad data: 500      tp = 2000   fp = 503    tn = 1497   fn = 0

Bad data: 1000     tp = 5      fp = 32     tn = 1968   fn = 1995

Bad data: 1500     tp = 3      fp = 1421   tn = 579    fn = 1997

Bad data: 2000     tp = 3      fp = 1428   tn = 572    fn = 1997
```

当训练集中有 1 000 个不良数据点时,阈值已变得不适用于检测异常了。

本章总结

本章介绍了用于发现趋势和识别异常的多种技术。趋势和异常这两种结果是相关的,因为它们都依赖于描述训练数据的行为或特征的模型。为了发现趋势,我们对模型进行拟合,然后查询该模型以发现在最近历史中急剧增加或减少的数据流。对于异常检测,我们可以使用该模型预测下一个观测值,然后检查真实观测值是否与预测值有显著差异,或者我们可以查询该模型,看看一个新的观测值与训练数据相比是正常的还是异常的。在实践中如何部署这些技术取决于所使用的技术和用例,但是通常人们会根据最近的数据(例如前 90 天)训练模型,同时注意确保训练数据不会因异常数据点而受损,这些数据点会破坏模型准确检测趋势和异常的能力。

7

理解查询和生成响应的蓝图

在本书的前几章中，我们开发了在后台运行的人工智能解决方案，这些方案不提供与用户的直接交互。例如，在第3章中，我们展示了如何通过用户的推文和评论来衡量他们的总体情绪，但这种用户反馈是被动收集的，而不是直接询问用户以征求他们的意见。在第5章中，我们开发了一种在随机照片中检测公司logo的技术，但拍摄这些照片的人与我们的logo检测器没有任何直接的交互。到目前为止，我们已经探索了几种人工智能和机器学习帮助理解大量数据（比如图像、推文、网站点击或歌曲播放）的方法。但人工智能的交互式前景仍未实现。

交互系统采用各种各样的形式。例如，在最简单的情况下，文字处理应用程序上的下拉菜单支持用户与机器的直接交互。在更复杂的场景下，这超过了今天机器人工程师的能力，可以想象一个由人类和机器人组成的足球队，在这个队伍中，人类和机器人必须互相观察以获得微妙的手势，才能像一个团队一样有效地工作。**人机交互**（**Human-Computer Interaction**，**HCI**）和**人-机器人交互**（**Human-Robot Interaction，HRI**）领域实现无数复杂的方法，使人类和机器能够一起工作以实现共同的目标。

本章介绍了可以让用户直接询问系统以获取各种问题的答案的交互式人工智能系统。商业领域对这种交互系统表现出了极大的兴趣。通常，它们被称为聊天机器人，并被用作自动服务台和销售代理。

随着用于企业与客户之间沟通的Facebook Messenger和用于企业内部沟通的Slack的日益流行，聊天机器人被认为是一种扩大营销范围（例如Facebook Messenger）以及优化项目管理和信息获取相关流程（例如 Slack）的方法。Messenger（https://developers.facebook.com/docs/messenger - platform/introduction）和 Slack（https://api.slack.com/bot- users）都有丰富的文档，可以在各自的平台上开发聊天机器人。为了简单起见，我们将不在示例中使用这些平台。不过，它们是开发和部署聊天机器人热门选择。

在本章中，我们将重点讨论基于文本的交互式人工智能系统的核心特性：理解并响应用户的查询。查询可以采取语音或文本的形式 —— 我们将演示 **Google Cloud Speech-to-Text** API（https://cloud.google.com/speech- to- text/）的使用。在接收到查询后，人工智能系统必须对其进行理解（问的是什么？），找出一个响应（答案是什么？），然后将这个响应反馈给用户（我该怎么说？）。在此过程中的每一步都将使用最适合该步骤的人工智能技术。

简而言之，我们将使用 NLP，特别是 **Rasa NLU（Natural Language Understanding，自然语言理解）**Python 库（http://rasa.com/products/rasa- nlu/），来了解用户所问的内容；然后，我们将使用逻辑编程，尤其是 **Prolog** 语言，来查找响应的数据；用**自然语言生成（Natural Language Generation，NLG）**，尤其是 SimpleNLG Java 库（https://github.com/simplenlg/simplenlg），来生成语法上正确的响应。完成这些之后，对于必须完全无需动手的应用程序，我们能够使用 **Google Cloud Text-to-Speech** API（https://cloud.google.com/text- to- speech/）将响应转换为语音。

在本章中，我们将介绍：

- 如何配置和训练 Rasa NLU 库来识别文本中的用户意图
- 如何使用 Prolog 编程语言开发特定领域的逻辑
- 使用 SimpleNLG Java 库生成语法上正确的响应的过程
- 使用 Google 的 API 将语音转换为文本以及将文本转换为语音

问题、目标和业务案例

从理论上讲，聊天机器人几乎可以做任何不需要真人在场的事情。它们可以帮助客户预订航班、发现新食谱、解决与银行相关的问题、找到适合购买的电视、送花给你的另一半、辅导学生、讲笑话。

自然语言界面具有通用性,它构成了图灵著名的"模仿游戏"思维实验的基础。众所周知,图灵测试描述了一种衡量人工智能是否真正智能的方法。在他的测试中,一个人和一台机器通过文本界面与一个人类评判者进行交流。评判的目标是确定这两个对话者中哪一个是机器。

图灵测试的一个微妙但关键的特点是很多人都不理解的,那就是键盘后面的人和机器都试图让评判者相信另一方是计算机。这一测试的目的不仅在于判断一台机器是否像人一样行事,还在于它是否能反驳关于它确实是一台机器的断言。此外,评判者可以问任何问题,从"什么是你最喜欢的颜色"和"从棋盘某个位置开始最佳的走步是什么"到"什么是爱"。

文本界面不妨碍讨论的主题——它具有最大的通用性。文本可以做任何事情。然而这也是聊天机器人存在的部分问题。它们受到最大的期盼。有了合适的聊天机器人,公司将不再需要银行出纳员、呼叫中心或大量的手册。然而我们大多数人都经历过令人讨厌的聊天机器人,例如网站上的弹出窗口,它会立即试图与你进行对话。这些机器人令人讨厌的地方在于它们无法设置对话的期望和边界,也不可避免地无法理解可能的广泛用户查询。相反,如果聊天机器人是由用户激活来达成某个特定目标,比如预订航班,那么通过限制可能的查询和响应范围,对话可能进行得更顺利。图 7-1 展示了与 Expedia 的 Facebook Messenger 机器人的交互示例。

图 7-1　Expedia 的聊天机器人

与 Expedia 机器人的交互并不像期望的那样顺利,但至少机器人显然专注于预订航班。这种清晰性帮助用户知道如何与其交互。不幸的是,如图 7 - 2 所示,若在预订航班的范围之外,但仍在用户可能使用 Expedia 网站的范围之内,机器人会感到困惑。

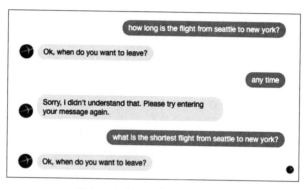

图 7 - 2　Expedia 的聊天机器人 2

Whole Foods 也为他们的食谱数据库开发了一个自然语言界面。由于使用了自由形式的文本界面,用户可能输入任何想到的相关问题,例如询问如何制作素食南瓜派(即没有鸡蛋),如图 7 - 3 所示。

图 7 - 3　Whole Foods 的聊天机器人

搜索食谱数据库时,介词短语 *with no egg* 很难被检测到并被利用。产生的食谱——**Pumpkin-Cranberry Oatmeal Cookies**(南瓜蔓越莓燕麦饼干)确实是包含鸡蛋的,更不用说机器人选取的是 "cookie"而不是"pie"。简单的查询,*vegan pumpkin pie*,返回了更合适的结果:dairy-free piecrust and vegan date-pecan pumpkin pie(不含乳品的馅饼皮和素食枣核桃南瓜派),这可能是第一个结果。然而查询 *do you have any recipes for vegan donuts?*(你有素食甜甜圈的食谱吗?)却给出了 curry kale chips(咖喱羽衣甘蓝片)的食谱,而简单的查询 *vegan donut*(素食甜甜圈)则返回 vegan cocoa glaze(素食可可酱)。在 Whole Foods 的数据库中似乎没有素食甜甜圈的食谱,这是完全合理的,但是聊天机器人应该知道什么时候该说 *Sorry, I don't have that one*(对不起,我没有那个)。

因此,聊天机器人的业务用例是微妙的。如果机器人回答的问题领域很窄,且用户被"告知"了这个狭窄的领域时,那就有可能成功。此外,聊天机器人应该以高置信度为目标。换句话说,如果它对自己对于问题的理解不是很有信心,它应该简单地说"我不知道",或者提供重新表述这个问题的方法。最后,人工智能应该使用户的生活更轻松或者将更多的访问者转化为客户。如果用户陷入与聊天机器人的无意义对话中,他们可能很快就会走开。

我们的方法

本章中我们针对这些教训使用以下方法:

1. 我们将关注两个狭窄的领域:*Pokémon*(最初由任天堂发布的电子游戏)的养育规则,以及为大学生提供的课程建议。
2. 我们将为试图理解用户查询的人工智能组件设置一个高置信度阈值,如果未达到此阈值,我们将通知用户我们不理解他们的问题。
3. 一旦理解了用户的查询,我们将使用逻辑推理来构造查询的最佳答案。这一推理可能相当复杂,课程建议的例子将证明这一点。
4. 我们将使用 NLG 技术来产生合理的响应,这些响应被设计成直接回答用户的查询,而不是简单地将他们指向网页或其他文档。

虽然许多公司提供了聊天机器人创建工具,但这些公司经常宣称一个聊天机器人可以在几分钟内创建,无需任何编程。这些说法清楚地表明,查询理解和查询响应之间没有多少复杂性(即缺少步骤 3)。通常这些无编程框架允许机器人创建者对每个可能的问题指定不同的响应。

例如,如果用户问"X",回答"Y"——也就是说,更像 Whole Foods 的搜索机器人(最少特定于领域的逻辑),而不像 Expedia 的航班预订机器人(更多特定于领域的逻辑,如理解位置、日期、往返行程等)。我们将演示使用 Prolog 语言开发特定于领域的逻辑,以便我们的聊天机器人能够找到对于用户查询有意义的响应。

Pokémon 领域

我们的两个示例领域中比较简单的一个涵盖了 Pokémon 养育的一些规则。Pokémon 的各类数据来自于 GitHub 用户 *vekun*(https://github.com/veekun/pokedex)。养育规则是通过阅读 *Bulbapedia*(https://bulbapedia.bulbagarden.net/wiki/Main_Page)获得的,这是关于 Pokémon 的一大资源。

我们将实现关于 Pokémon 养育的一些规则,这些规则将在后面的实现部分中描述。我们注意到,虽然这些规则是基于 VI/XY 代游戏的实际游戏规则,但它们是简化和不完整的,并不完全真实地代表各种 Pokémon 游戏的实际行为。然而,即使在这种简化的形式中,它们也很好地演示了如何表示领域知识。

我们将开发一个简单的聊天机器人,它将能够回答有关 Pokémon 养育的问题。领域逻辑将在 Prolog 中表示。

课程建议领域

在一个更复杂的示例中,我们将开发一个聊天机器人来帮助学生选择课程和安排课程进度。我们将使聊天机器人与之前开发的叫做 TAROT 的软件进行交互。我开发 TAROT 是为了改善学院或大学水平的学术建议。下面引用 Ryan Anderson 和我合写的题为 *TAROT：A Course Advising System for the Future* 的论文,最好地解释了它的目的:

> 我们开发了一个叫做 TAROT 的新软件工具来帮助导师和学生。设计 TAROT 的目的是为了帮助处理规划多年课程表时固有的复杂约束和规则。尽管许多学术部门设计了典型的两年或四年制课程表来指导刚入学的新生,但并不是所有学

生都会遵循同样的道路或来自相同的背景。一旦有学生偏离了这个预先设定的计划,例如他们带来了转移学分,或增加了第二专业,或出国留学,或需要课程重修,或必须在 3.5 年内完成等,那么预先设定的计划就没有用了。

现在,学生和导师必须考虑专业的复杂要求、课程先决条件以及提供时间来为某个学生的特殊情况找到一个计划。这种认知负担带来了出错的可能性并妨碍了任何更高级的预测,如寻找最佳留学时间,或找到满足毕业要求的每一种可能的专业选修课。

然而,处理约束和管理复杂交互是人工智能领域规划引擎存在的理由。TAROT是一个专门为课程建议而设计的规划引擎。它的用例聚焦于开发跨多个学期的学生课程表,而不是根据每周的次数/天数、教室等安排课程。我们在 Prolog 中实现了 TAROT,并利用这种语言执行回溯搜索的能力来找到满足任何约束的解决方案。

TAROT: A Course Advising System for the Future, J. Eckroth, R. Anderson, *Journal of Computing Sciences in Colleges*, 34(3), pp.108－116, 2018

TAROT 已使用一个 HTTP API 开发出来了,这就意味着我们的聊天机器人将通过该协议与它交互。TAROT 还不是开源的,因此本章将不显示其代码。在本章中,我们将提供一个与 TAROT 交互的聊天机器人示例,以演示一个更复杂的示例,而 Pokémon 示例更适合演示如何用 Prolog 语言表示领域知识。

方法:自然语言处理＋逻辑编程＋自然语言生成

我们构建自然语言问答服务的方法很简单,如图 7－4 所示,其中涉及三个主要组件。我们的方法如下:

- 用户首先以文本或语音形式提供查询。如果使用语音,我们可以向 Google Cloud Speech－to－Text API (https://cloud.google.com/speech－to－text/)

发送请求以获取语音的文本版本。

- 接下来我们需要弄清楚用户在问什么。有很多方法可以问同样的问题,我们希望在两个示例领域中支持几种不同类型的问题。此外,一个问题可能包含内部短语或者实体,例如特定 Pokémon 的名字或大学课程的名称。我们需要提取这些实体,同时还要弄清楚所问问题的类型。

- 一旦我们有了问题和实体,就可以组成一种新的查询。因为我们使用 Prolog 来表示大部分领域知识,所以必须使用 Prolog 的规则来计算答案。Prolog 本身并不使用函数,而是使用由"查询"执行的谓词。这将在后面的"使用 Prolog 和 tuProlog 进行逻辑编程"一节中得到更详细的解释。Prolog 查询的结果是查询的一个或多个解,例如问题的答案。

- 接下来我们将取其中一个或多个答案并生成一个自然语言响应。

- 最后,此响应要么直接显示给用户,要么通过 Google 的 Text – to – Speech API(ht-tps://cloud.google.com/text- tospeech/)产生语音回答。

在图 7 – 4 中有三个组件:第一个是**问题理解和实体提取组件**,它将使用 Rasa NLU 库(ht-tp://rasa.com/products/rasa- nlu/)。我们也将此组件称为 NLP。然后,我们有 Prolog 中获得的领域知识。最后,我们有**响应生成组件**,它使用 SimpleNLG(自然语言生成)库 (https://github.com/simplenlg/simplenlg)。

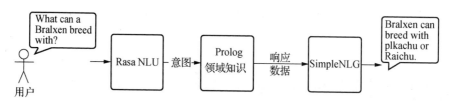

图 7 – 4 处理流水线

这些组件以不同的方式相互通信。Rasa 是一个 Python 库,可以作为 HTTP 服务器独立运行。我们的 Prolog 代码将或使用 Pokémon 示例中的 tuProlog Java 库直接与 Java 代码集成,或者它会有自己的 HTTP 服务器,正如我们在课程建议示例中所介绍的那样。最后,SimpleNLG 是用 Java 编写的,所以我们将直接从 Java 代码中使用它。因此,实现这两个示例的最简单方法如下。

这是 Pokémon 的示例:

- Rasa 作为 HTTP 服务器运行;Java 代码通过 HTTP 与 Rasa 连接,并使用 `tuPro-log` 与 Prolog 代码交互,使用常规 Java 方法与 SimpleNLG 库直接交互。

这是课程建议的示例:

- Rasa 作为 HTTP 服务器运行;TAROT(Prolog 代码)作为 HTTP 服务器运行(`http://tarotdemo.artifice.cc:10333`);Java 代码通过 HTTP 与 Rasa 和 TAROT 连接,并直接与 SimpleNLG 交互。

在接下来的三个部分,我们将详细介绍这个系统的三个组件是如何工作的。

使用 Rasa 进行自然语言处理

Rasa 的目标有两个,那就是给定一个句子或短语,Rasa 能够:

- 检测短语的意图,即短语的主要内容
- 从短语中提取实体,即日期、时间、人名、城市名称等

Rasa 试图检测的意图和提取的实体取决于领域。Rasa 使用机器学习技术,因此需要训练数据。这些训练样例包括带有意图和应当提取的实体的样例短语。通过这些训练样例,Rasa 学习如何理解这些特定于领域的短语。

例如,在我们的 Pokémon 领域中,用户可能会问这样的问题:*Which Pokémon can breed with a Braixen?*(哪只 Pokémon 可以与 Braixen 交配繁殖?)我们将使用 Rasa 来检测这个短语的意图,它有点像 *can_breed_with*,而唯一相关的实体是 *Braixen*。为了训练 Rasa,我们需要生成很多这样的短语,以及我们想让它理解的任何其他类型的短语。

Rasa 的训练格式使用 **Java Saript 对象表示法**(**JavaScript Object Notation**,**JSON**)列出样例短语及其意图和实体。以下是两个短语的样例:

```
{
  "rasa_nlu_data": {
  "common_examples": [
  {
  "text": "which pokemon breed with snorunt",
  "intent": "can_breed_with",
```

```
    "entities": [
      {
        "end": 32,
        "entity": "pokemon",
        "start": 25,
        "value": "snorunt"
      }
    ]
  },
  {
    "text": "find pokemon that can breed with skuntank",
    "intent": "can_breed_with",
    "entities": [
      {
       "end": 41,
       "entity": "pokemon",
       "start": 33,
       "value": "skuntank"
      }
    ]
  },
  ...
```

每个样例都会进入 common_examples 部分。每个样例需要一个意图并可能包含实体。如果不需要提取实体（只检测意图），那么实体可以为空（[ ]）。在这两个样例中，我们可以看到用户可通过两种方式来询问哪只 Pokémon 能与某只 Pokémon 交配繁殖。短语中提到的实际 Pokémon 是一个必须被提取的实体，因此我们必须给出该实体在短语中的位置。

Rasa 本身是一个 Python 库，可以用常见的 Python 软件包管理器 pip 来安装：pip install rasa_nlu。然后，我们可以使用以下命令将此 JSON 文件送入 Rasa 以进行训练：

```
python - m rasa_nlu.train -- config config.yml \
-- data pokedex- training_rasa.json -- path pokedex_rasa
```

pokedex_rasa 路径指示我们希望训练好的模型放置的目录。config.yml 文件为 Rasa 提供了一些参数。这些参数在 Rasa 的文档中有描述。以下是我们的 config.yml 文件：

```
language: "en"
pipeline:
  - name: "nlp_spacy"
  - name: "tokenizer_spacy"
```

```
- name: "intent_entity_featurizer_regex"
- name: "intent_featurizer_spacy"
- name: "ner_crf"
- name: "ner_synonyms"
- name: "intent_classifier_sklearn"
```

一旦训练好的模型准备就绪，我们就可以将 Rasa 作为 HTTP 服务器运行，并通过 HTTP 向其发送短语。首先我们必须启动 Rasa：

```
python - m rasa_nlu.server - - path pokedex_rasa
```

接着我们可以发送一个短语并查看结果。我们会在一个简单示例中使用 curl 命令（命令应该都在一行中）：

```
curl 'localhost:5000/parse? q=what% 20pokemon% 20can% 20
breed% 20with% 20pikachu' | python - m json.tool
```

查询（q=参数）对消息 *what pokemon can breed with pikachu* 进行编码，结果如下：

```
{
  "entities": [
    {
      "confidence": 0.9997784871228107,
      "end": 35,
      "entity": "pokemon",
      "extractor": "ner_crf",
      "start": 28,
      "value": "pikachu"
    }
  ],
  "intent": {
    "confidence": 0.9959038640688013,
    "name": "can_breed_with"
  },
  "intent_ranking": [
    {
      "confidence": 0.9959038640688013,
      "name": "can_breed_with"
    },
    {
      "confidence": 0.0030212196007807176,
      "name": "can_breed"
```

```
      },
      {
        "confidence": 0.001074916330417996,
        "name": "child_pok"
      }
    ],
    "model": "model_20180820- 211906",
    "project": "default",
    "text": "what pokemon can breed with pikachu"
  }
```

结果（也是 JSON 格式的）清楚地表明 Rasa 正确地识别了意图（*can_breed_with*）和实体（*pikachu*）。我们可以很轻松地提取这些信息并将它们发送到 Prolog 代码中以找出哪只 Pokémon 可以与 Pikachu 交配繁殖。

短语 *what pokemon can breed with pikachu* 实际上与我们的训练 JSON 文件中的一个训练短语相匹配。所以让我们试试这个短语的一个变体，一个在训练文件中没有的变体，来看看 Rasa 的表现如何。我们会尝试短语 *what are the various pokemon that should be able to breed with pikachu*，结果如下：

```
  {
    "entities": [
      {
        "confidence": 0.608845509593439,
        "end": 43,
        "entity": "pokemon",
        "extractor": "ner_crf",
        "start": 41,
        "value": "be"
      },
      {
        "confidence": 0.99977848712259,
        "end": 70,
        "entity": "pokemon",
        "extractor": "ner_crf",
        "start": 63,
        "value": "pikachu"
      }
    ],
    "intent": {
      "confidence": 0.6212770831558388,
```

```
    "name": "can_breed_with"
  },
...
```

首先,我们发现它的置信度要低得多,因为这个新的测试短语有太多超出训练数据范围的单词。我们也看到,它提取 *be* 作为一个实体,这是不正确的,尽管至少它对这个实体不是高度置信的。不过它确实正确地确定了 *pikachu* 是一个实体。

与任何机器学习技术一样,Rasa 在训练数据更多样化时表现得更好。但是编写训练样例的所有 JSON 行,特别是实体字符位置,会变得非常繁琐。因此,我们将利用 Rodrigo Pimentel 的 **Chatito** 工具 (https://github.com/rodrigopivi/Chatito) 从一些简单的模式中生成训练样例。在 Chatito 中,具有相同意图的不同短语用 % 标记分组,而不同的实体则用 @ 标记分组。此外,我们还可以使用 ~ 标记来表示同一件事的不同表达方式。举个例子来说明这一点:

```
%[can_breed_with]('training':'5000')
  ~[what] pokemon can breed with @[pokemon]
  ~[what] pokemon breed with @[pokemon]
  ~[what] can @[pokemon] breed with
  ~[what] can breed with @[pokemon]

%[can_breed]('training':'5000')
  can @[pokemon] and @[pokemon2] breed
  are @[pokemon] and @[pokemon2] able to breed
  are @[pokemon] and @[pokemon2] compatible

%[child_pok]('training':'5000')
  what is the child of @[pokemon] and @[pokemon2]
  what pokemon results from breeding @[pokemon] and @[pokemon2]
  if @[pokemon] and @[pokemon2] breed, what do we get

~[what]
  what
  which
  show me
  find

@[pokemon]
  ~[pokemon_variants]

@[pokemon2]
  ~[pokemon_variants]
```

```
~[pokemon_variants]
  abomasnow
  abra

  absol

  accelgor

...
```

在上述代码块中，Chatito 语法说明了以下几点：

- 我们想要 5 000 种随机的、不重复的 *can_breed_with* 意图的变体。
- *can_breed_with* 意图由几种不同的短语模式定义：*what pokemon can breed with* [*some pokemon name*]、*what can* [*some pokemon name*] *breed with* 等。
- 模式中的 *what* 这个词可以是下列单词中的任何一个：*what*、*which*、*show me* 或者 *find*。
- 在短语中使用 @[pokemon] 和 @[pokemon2] 表示出现的单词应该是一个实体（视情况名为 pokemon 和 pokemon2）。这些实体的有效单词出现在 @[pokemon] 和 @[pokemon2] 的定义中，它们本身仅指底部 ~[pokemon] 列表中可能的单词列表。注意 ~[pokemon] 是一个变体（别名）列表，就像 ~[what] 是一个变体列表。

Chatito 工具通过运行文件中指定的所有组合来生成训练样例。例如，每个不同的 Pokémon 名字都可以放在各种短语中的 @[pokemon] 位置，从而产生每个短语可能的成百上千种不同变体。这就是为什么我们将 Chatito 为每个意图生成的训练样例数限制为 5000 个的原因，只是为了确保生成的短语集不会太大。

但是，Rasa 不理解 Chatito 的语法，所以我们必须使用 Chatito 将此格式转换为 Rasa 格式。Chatito 是一个 Node.js 程序，所以我们使用 npx 来运行它：

```
npx chatito pokedex- training.chatito -- format=rasa
```

然后 Chatito 以 Rasa 格式生成 JSON 文件，这样我们就可以使用该文件来训练 Rasa。

使用 Prolog 和 tuProlog 进行逻辑编程

Prolog：百分之百完全没用，直到遇到一项非常困难、非常具体的工作，它就成为

正确的工具。

—— Reddit 用户 The Tarquin，2016 年 9 月 28 日

```
https://www.reddit.com/r/compsci/comments/54tidh/what_in_your
 _opinion_is_the_most_esoteric_and/d84x6xk/
```

Prolog 是一种允许我们使用逻辑语句进行编程的编程语言。它是一个完整的编程语言，支持循环、变量等。但 Prolog 程序主要由**事实**和陈述事实之间关系的**规则**组成。规则由**查询激活**。通过在查询中使用变量，我们可以找到使查询为真的变量的值（根据相关的事实和规则），因此我们得到了一种计算。

Prolog 程序由两个部分组成：数据库（存储事实和规则）和交互查询工具。数据库必须保存在文本文件中，通常扩展名为 .pl。我们有时把数据库称为**理论**，因为它描述了一个领域的逻辑。当我们对一个理论执行查询时，我们寻求的是查询的解。

可能没有解，可能只有一个解，也可能有几个解。我们可以在查询中使用变量来指明我们想要在解中包含的信息类型。

我们有一个简单的例子。假设我们想表示家庭成员之间的关系，然后询问有关这些关系的问题。该理论包含以下几行：

```
parent(tom, liz).
parent(bob, ann).
parent(bob, pat).
parent(pat, jim).

male(tom).
male(bob).
male(jim).
female(pam).
female(liz).
female(pat).
female(ann).
```

根据这个理论，我们可以运行一些简单的查询。在表 7 - 1 中，查询显示在左侧，解显示在右侧。任何 Prolog 系统（如 tuProlog）都将实际执行查询并生成解的列表。由于 tuP-rolog 是一个 Java 接口，所以解集是 Java 对象的集合。

查询中的变量以大写字母表示。非变量应当小写。当查询有一个变量时，Prolog 将搜索使得查询为真的变量的值。写为 _ 的变量表明我们不必关心它的值。

表 7 - 1　关于家庭成员之间关系的查询和解的示例

查询	解
female(X).	X = pam
	X = liz
	X = pat
	X = ann
parent(X, ann).	X = bob
parent(P, C).	P = tom, C = liz
	P = bob, C = ann
	P = bob, C = pat
	P = pat, C = jim
parent(P, _), female(P).	P = pat

表 7 - 1 中的最后一个查询显示了一个合取（conjunction），这意味着变量 P 必须既是父母（有一些孩子，但我们不需要知道名字，因此使用 _）又是女性。因此，这个合取表示一个查询，可以查找理论（即数据库）中的任何母亲。

在前面的文本中显示的谓词（parent、male 和 female）称为事实。除了事实，我们还可以制定规则。规则由合取组成，就像我们的"母亲"查询一样。我们可以根据该查询制定一个规则，并将其添加到理论文件的末尾：

```
mother(X) :- parent(X, _), female(X).
```

:- 语法表示我们正在定义一个规则。在左边，我们写了一个带有变量作为参数的名字。在右边，我们写了一个或多个查询，它们之间用逗号分隔，形成一个合取。现在我们可以直接查询这个规则，如下所示：

查询	解
mother(P).	P = pat

以下是家庭关系的更多例子，以规则的形式写下来：

```
father(X) :- parent(X, _), male(X).
grandparent(X) :- parent(X, Y), parent(Y, _).
sisters(X, Y) :- parent(Z, X), parent(Z, Y), female(X), female(Y).
```

表 7 - 2 是这些查询的解。

表 7 - 2 查询家庭关系规则的解的示例

查询	解
father(X).	X = tom
	X = bob
	X = bob
grandparent(X).	X = bob
sisters(X, Y).	X = liz, Y = liz
	X = ann, Y = ann
	X = ann, Y = pat
	X = pat, Y = ann
	X = pat, Y = p

father(X) 查询显示 Prolog 找到 bob 是父亲的两种方式(作为 ann 的父母和 pat 的父母)。最后一个例子 sisters(X, Y) 表明 sisters 规则允许一位女性成为她自己的姐妹,因为她与自己有共同的父母。

我们可以更新规则以确保变量 X 小于变量 Y(也就是按字母顺序排序),使用语法 @< 以防止 liz 是她自己的姐妹,也防止 X = ann,Y = pat 和 X = pat,Y = ann 这样的重复,因为在后一个示例中,按字母排列的话 pat 并不在 ann 之前,所以 X = pat,Y = ann 不是解。以下是更新后的规则:

```
sisters(X, Y) :-
parent(Z, X), parent(Z, Y), female(X), female(Y), X @< Y.
```

现在对于这条规则的唯一解是 X = ann,Y = pat。

Prolog 的合一和消解

为了有效地用 Prolog 编写代码,我们必须首先了解 Prolog 是如何工作的。正如我们看到的,有两种 Prolog 数据:理论(或数据库),由事实和规则组成;查询,可以被认为类似于问题,通常带有变量。Prolog 会在参考理论的同时,通过为变量寻找合适的值来搜索使得查询为真的方法。如果没有变量值使得查询为真,Prolog 就会报告 false 或者没有解。所以,例如,如果使用前一节中关于家庭的理论查询 sisters(bob, X),会简单地返回 false。

Prolog 为了找到一个查询的解而确定变量的赋值有两个步骤。第一步是**合一**(**unification**)。这一步说明了如何使两个项(term)匹配,项是一个简单的查询或事实,如 sisters(X, Y) 或 female(pam)。

合一总是作用在一对项上。合一的问题是:我们能否通过寻找特定的变量值使这两个项匹配?表 7-3 显示了一对项和使它们匹配所需的变量值,或者如果两个项不能合一则语句不能合一的几个例子。注意,理论并不用于合一,所以两个项可以合一,即使它们实际上为假(也就是说,根据前一节所写的理论,female(bob) 确实为假,但它仍可以与 female(X) 合一)。

表 7-3　一对项及其能否合一的示例

项 1	项 2	能否合一?
female(pam)	female(pam)	能,它们已经是相同的了
female(X)	female(pam)	当 X=pam 时,能
female(pam)	female(Y)	当 Y=pam 时,能
female(bob)	female(Y)	当 Y=bob(注意,在合一中没有使用理论)时,能
female(X)	female(Y)	当 X=Y(就是说,X 和 Y 可以是任何值,只要它们相同)时,能
parent(tom, X)	parent(Y, liz)	当 X=liz 且 Y=tom 时,能
parent(tom, X)	parent(X, liz)	不能,因为 X 必须同时等于 tom 和 liz
female(X)	parent(X, liz)	不能,因为它们甚至不是相同的项(female 与 parent)
sisters(X, Y)	sisters(Z)	不能,因为左边的项有两个参数,右边的只有一个

Prolog 找到查询的解的第二个步骤是**消解**(**resolution**)。这一技术实际上与之前提出的关于家庭关系的理论有关。当运行像 father(bob) 这样的查询时,Prolog 会搜索理论,寻找任何可以合一的事实或规则。如果设置 X= bob,它会找到可以合一的 father(X) 规则。现在 Prolog 问:当 X=Bob 时,父亲规则是否为真?

为确定这一点，它查看规则中的第一个项，parent(X, _)。由于 X 已被确定为 bob，所以问题就变为 parent(bob, _) 是否为真。_ 符号的意思是这里有个变量，但不必关心它的名字，因此 Prolog 为该符号创建了一个新变量名 _G10。所以，现在的问题是 parent (bob, _G10) 是否为真？Prolog 在理论中查找与 parent(bob, _G10) 合一的任何事实或规则。它发现如果将变量 _G10 设置为 ann，就可以与现有的事实合一。

到目前为止，一切顺利。父亲规则的下一部分是 male(X)，其中 X 已被确定为 bob。因此 Prolog 在理论中搜索一个与 male(bob) 合一的事实或规则。它找到一个，所以父亲规则被满足，并且 father(bob) 返回 true。

Prolog 自上而下地搜索理论中的事实和规则。因此，你希望首先被找到的事实和规则应该第一个出现。当你对于一个查询只需要一个答案时，比如对于查询 father(X)，你只想要第一个答案 X = tom，那么你必须注意组织理论，这样这个答案才会被第一个找到。

在对消解的解释中有个小的复杂情况没有描述到。由于各种规则可能使用像 X 或 Y 这样的相同变量名，所以当执行查询时，Prolog 所做的第一件事就是将所有的变量名改为像 _G10 或 _G203 这样的新名称。这确保了在合一和消解的过程中找到重复变量名时不会发生混淆。

有时 Prolog 在第一次进行合一和消解的尝试时未能找到令人满意的解。比如查询 mother(X)，首先使用母亲规则并寻找 parent(X, _)。理论中的第一个关于父母的事实为 parent(tom, liz)，所以 X 设置为 tom。但是母亲规则的下一部分是 female(X)，由于 X = tom，所以查找失败，并且理论中也没有 female(tom) 这样的事实。因此 Prolog 必须回溯并找到新的 X 值。这表明 Prolog 正在执行深度优先搜索，即以最快的速度确定变量值，如果最终无法成功则可能撤销那些决策。

我们可以可视化 Prolog 为一个查询尝试找到解时搜索变量值的过程。图 7 - 5 显示了一个搜索，第一次失败，需要回溯，然后成功了。这个例子中的理论是无意义的，仅仅是随机的事实 f(a)、f(b) 等。但理论中事实和规则的顺序决定了 Prolog 为变量尝试不同可能值的顺序。我们看到它首先将变量重命名为 _G34，诸如此类，接着设置 _G34 = a，这最终失败了。之后它将其修改为 _G34 = b，成功了。

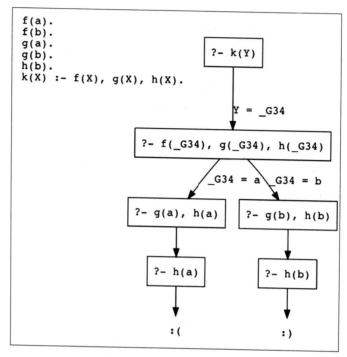

```
f(a).
f(b).
g(a).
g(b).
h(b).
k(X) :- f(X), g(X), h(X).
```

图 7-5 Prolog 搜索过程的示例

具体来说,图 7-5 显示了以下步骤:

1. 创建一个临时变量_G34(随机命名)来代替 Y。这是一个实现细节,所以如果其他规则使用 Y(一个完全不同的变量),那么变量名不会发生冲突。

2. 目标是为 k(_G34) 找到解。为此,需要找到 f(G34), g(_G34), h(_G34) 的解,因为这是规则的定义。这是新目标。

3. 为满足新目标的第一部分 f(_G34),对理论进行搜索。事实 f(a) 被找到。因此,_G34 设置为 a(来自合一步骤)。

4. 现在,g(a) 和 h(a) 是新目标。g(a) 被较好地被满足了,因为那个项恰好在知识库中被找到了。

5. 现在,h(a) 是新目标。但理论中没有能与 h(a) 合一的规则或事实,所以就有问题了。

6. 去最后一个决策点,这是_G34 设置为 a 的时候。试着将它设置为其他值。f(b) 同样在理论中,所以设置 _G34 =b。

7. 新目标是 g(b)，h(b)……（最终成功了）。

在图 7－6 中，我们看到另一个回溯的例子。这种情况下，第一个选择可以成功，产生了高兴的表情符号。但假设我们想要所有的解而不只是第一个，则要求所有的解会导致 Prolog 回溯尽可能多次，以得出所有的有效变量值。

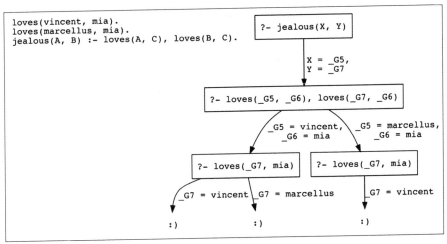

图 7－6　Prolog 搜索过程的另一个示例

通过 tuProlog Java 库使用 Prolog

tuProlog（http://apice.unibo.it/xwiki/bin/view/Tuprolog/WebHome）Java 库是一个开源的 Prolog 解释器和图形化调试环境。使用 tuProlog，你可以编写标准的 Prolog 代码并通过 Java 执行它（我们将要做的事），或者你可以进行更深层次的集成，用 Java 代码 将 Prolog 事实和规则创建为 Java 对象，而 Prolog 规则在它们的定义中引用 Java 对象。我们不必在 Prolog 和 Java 之间做任何复杂的集成，所以我们会在一个专门的文件中编写 Prolog 代码并简单地通过来自 Java 代码的查询执行它。

tuProlog 有一个图形化调试环境，可以通过从 tuProlog 的网站下载 tuProlog 并运行 2p.jar 文件来运行：java－jar 2p.jar。图 7－7 显示了这个图形化环境以及一个 Prolog 理论和查询示例。注意，在屏幕截图底部的状态栏，tuProlog 通知我们有更多的解可以用（**Other alternatives can be explored**）。这些额外的解可以通过点击窗口底部的 **Next** 按钮获得。

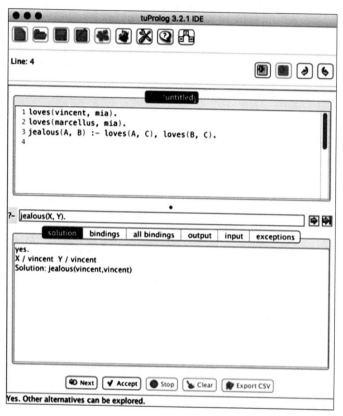

图 7 - 7 tuProlog 的图形界面

为了针对来自 Java 代码的特定理论执行 Prolog 查询,我们需要在 pom.xml 文件中为 tuProlog 引入 Maven 依赖:

```
<dependency>
  <groupId> it.unibo.alice.tuprolog</groupId>
  <artifactId> tuprolog</artifactId>
  <version> 3.2.1</version>
</dependency>
```

在我们的 Java 代码中,首先导入 tuProlog 的类:

```
import alice.tuprolog.* ;
```

然后,创建一个 Prolog 引擎对象、加载理论文件、执行查询并遍历解(如果有的话):

```
Prolog engine =  new Prolog();
try {
  engine.setTheory(new Theory(new FileInputStream("theory.pl")));
  SolveInfo result =  engine.solve("jealous(X, Y).");
  if(result.isHalted()) {
    System.out.println("Error.");
  } else if(! result.isSuccess()) {
    System.out.println("No solution.");
  } else if(! result.hasOpenAlternatives()) {
    System.out.println(result.getVarValue("X").toString() +
" / " + result.getVarValue("Y").toString());
  } else {
    while(result.hasOpenAlternatives()) {
      result =  engine.solveNext();
      if(! result.isSuccess()) { break; }
      System.out.println(result.getVarValue("X").toString() +
" / " + result.getVarValue("Y").toString());

  }
} catch(NoMoreSolutionException e) {
  System.out.println("No more solutions: " + e);
} catch(NoSolutionException e) {
  System.out.println("No solution: " + e);
} catch(MalformedGoalException e) {
  System.out.println("Error in goal: " + e);
} catch(InvalidTheoryException e) {
  System.out.println("Bad theory.pl: " + e);
}
```

Prolog 中的 Pokémon

现在，让我们为 Pokémon 事实和规则编写 Prolog 代码。首先，我们需要一系列关于每只
Pokémon 的双亲类型（我们称之为"物种"）的事实、生蛋分组（规定谁可以繁殖）以及无性
别的 Pokémon 列表：

```
species_parent(abomasnow, snover).
species_parent(abra, none).
species_parent(absol, none).
species_parent(accelgor, shelmet).
species_parent(aegislash, doublade).
species_parent(aerodactyl, none).
species_parent(aggron, lairon).
```

```
species_parent(aipom, none).
...
species_egg_group(abomasnow, monster).
species_egg_group(abomasnow, plant).
species_egg_group(abra, humanshape).
species_egg_group(absol, ground).
species_egg_group(accelgor, bug).
species_egg_group(aegislash, mineral).
species_egg_group(aerodactyl, flying).
species_egg_group(aggron, monster).
species_egg_group(aipom, ground).
...
genderless(arceus).
genderless(articuno).
genderless(azelf).
genderless(baltoy).
genderless(beldum).
genderless(bronzong).
genderless(cryogonal).
...
```

下一步,我们会对 Pokémon 的繁殖规则进行编码。再次说明,这些规则为了这个示例而进行了简化,并不能准确地描述游戏是如何运作的。

总之,如果满足以下条件则两只 Pokémon 可以交配繁殖:

- 双亲在其物种中都是成年的
- 双亲都不是无性别的
- 双亲有相同的生蛋分组,并且那个分组不是无蛋分组

Ditto 物种是所有这些规则的例外。Ditto 可以与任何其他非 Ditto 的 Pokémon 交配繁殖,只要另一只 Pokémon 在其进化过程中是成年的。

孩子 Pokémon 是母亲物种的婴儿版本,除了在与 Ditto 交配繁殖的情况下,在此情况下孩子是非 Ditto 一方的婴儿版本。

首先,我们需要一个规则来确定 Pokémon 是否为成年形式。我们的 species_parent (pok1, pok2) 事实给出了所有不同物种的进化步骤。比如 species_parent(abomasnow, snover) 声明 Abomasnow 是 Snover 进化的下一步(后代)。如果我们进一步观察,会发现 species_parent(snover, none),这意味着 Snover 没有经过前期的进化,所以

Snover 是孩子形式(事实的名称和参数的顺序留给我们程序员来决定。Prolog 对这类事情没有限制,只要我们使用正确的语法)。因此,决定 Pokémon 的孩子进化的逻辑是通过 species_parent 事实递归地反向搜索,直到我们找到双亲是 none 的情况,这表示一个基础进化或孩子形式。我们为此制定一条规则:

```
species_base_evolution(Species, Species) :-
species_parent(Species, none).
species_base_evolution(Species, BaseSpecies) :-
species_parent(Species, ParentSpecies),
species_base_evolution(ParentSpecies, BaseSpecies).
```

这条规则有两种形式。第一种,当双亲进化为 none 时,基础情况为真。第二种,我们找到双亲的进化并使用这个新值再次调用规则。对基础情况(非递归情况)而言,首先出现在规则列表中是很重要的,这样 Prolog 就不会先尝试递归情况而陷入循环中。回想 Prolog 消解算法总是按事实和规则在理论文件中出现的顺序来尝试它们。

下一步,我们会定义一个说明 Pokémon 是否为成年(非孩子)形式的规则。这很简单,只要确保 Pokémon 的 species_base_evolution 不是它自己,这意味着它是在它的成年形式,也就是说,从孩子形式开始进化了至少一步:

```
adult_evolution(Species) :-
species_base_evolution(Species, Base), Species \= Base.
```

我们使用\=(不相等)来检查输入物种是否与基础物种不一样。

现在我们可以编写关于繁殖的规则。首先,我们处理 Ditto 的情况。由于它是例外情况,所以我们把它放在首位,以确保 Prolog 首先找到它,并且如果适用例外情况则不会尝试一般情况。注意,Ditto 不能与同类交配,所以如果雄性物种是 Ditto,则雌性物种不能是 Ditto,反之亦然。

我们定义 can_breed 规则接受两个输入:雄性物种和雌性物种。在 Ditto 特殊情况中,我们设置雄性或雌性物种为 ditto 而不是使用一个变量:

```
can_breed(ditto, FemaleSpecies) :-
adult_evolution(FemaleSpecies), ditto \= FemaleSpecies.
can_breed(MaleSpecies, ditto) :-
adult_evolution(MaleSpecies), ditto \= MaleSpecies.
```

现在我们要编写一般情况。这一情况有几个条件，在前面的要点中已列出。

首先我们检查雄性和雌性 Pokémon 是否都是成年的。

然后我们用 \+ genderless(...) 来检查它们是不是无性别的。这条 Prolog 语法的意思是"检查 genderless(...) 是否为假"。\+ 应该看起来像符号⊬，而 :- 规则定义符号应该看起来像符号⊢，代表数学上的蕴涵或推出。

接着规则计算出雌性物种的生蛋分组，并且需要雄性的生蛋分组匹配（通过对于雌性和雄性生蛋分组使用相同的变量名），最后检查这个生蛋分组是不是 no_eggs。注意，我们使用 % 符号表示代码注释：

```
can_breed(MaleSpecies, FemaleSpecies) :-
  % 两者都必须是成年的
  adult_evolution(MaleSpecies),
  adult_evolution(FemaleSpecies),
  % 不能是无性别的物种
  \+genderless(MaleSpecies),
  \+genderless(FemaleSpecies),
  % 必须匹配雄性/雌性生蛋分组
  species_egg_group(FemaleSpecies, EggGroup),
  species_egg_group(MaleSpecies, EggGroup),
  % 这个生蛋分组不能是 no_eggs
  EggGroup \= no_eggs.
```

我们在 Pokémon 繁殖规则中还有一条，声明如下：孩子 Pokémon 是母亲物种的婴儿版本，除了在与 Ditto 交配繁殖的情况下，在此情况下孩子是非 Ditto 一方的婴儿版本。

再次说明，对于 Ditto 我们有两个特殊情况（一个是雄性为 Ditto，一个是雌性为 Ditto），然后是一个一般情况：

```
child_pok(ditto, Female, ChildPok) :-
  can_breed(ditto, Female),
  species_base_evolution(Female, ChildPok).
child_pok(Male, ditto, ChildPok) :-
  can_breed(Male, ditto),
  species_base_evolution(Male, ChildPok).
child_pok(Male, Female, ChildPok) :-
  can_breed(Male, Female),
  Male \= ditto,
```

```
Female \= ditto,
species_base_evolution(Female, ChildPok).
```

有了包含事实和规则的完整 Prolog 理论,我们现在可以运行一些查询,如表 7-4 所示。

表 7-4　关于 Pokémon 繁殖规则的查询和解的示例

查询	解
adult_evolution(pikachu).	true
adult_evolution(pichu).	false
adult_evolution(X).	X = abomasnow X = accelgor X = aegislash (等等)
species _ egg _ group (froslass, Group).	Group = fairy Group = mineral
can_breed(froslass, F).	F = ditto F = aegislash F = aromatisse (等等)

这些查询示例展示了我们可以询问的关于 Pokémon 数据库和繁殖规则的问题的范围。我们的 Rasa 训练短语没有覆盖所有可能的问题,但同样足够广泛地证明了能力。

使用 SimpleNLG 进行自然语言生成

在 Prolog 代码生成了解(如表 7-4 所示)之后,我们就需要生成一个自然语言响应。我们的意思是,我们应该生成这样一个句子:无论是说的还是读的,它看起来都是由人写的,主语和谓语要正确一致、复数和介词要正确处理等等。这就是 NLG。生成自然语言可能非常复杂,特别是在生成复杂数据的解释时。然而我们的用例会相对简单,事实上我们将使用一个名为 SimpleNLG 的库(https://github.com/simplenlg/simplenlg)来完成这项工作。

SimpleNLG 是一个拥有大量支持介词、名词短语等语法结构的类和方法的 Java 库。我们从导入类开始：

```
import simplenlg.framework.* ;
import simplenlg.lexicon.* ;
import simplenlg.realiser.english.* ;
import simplenlg.phrasespec.* ;
import simplenlg.features.* ;
```

下一步我们需要创建一个词法对象，其中包含英语规则、一个工厂和实现器对象。工厂可以让我们创建主语、宾语和介词等，而实现器将各种宾语转换为一个短语：

```
Lexicon lexicon = Lexicon.getDefaultLexicon();
NLGFactory nlgFactory = new NLGFactory(lexicon);
Realiser realiser = new Realiser(lexicon);
```

考虑这样一个例子：我们想说的是 *Froslass can breed with Aegislash*。*froslass* 和 *aegislash* 的值是 String 变量，我们可以使用 SimpleNLG 构建句子的其余部分。第一步是创建一个空短语规范：

```
SPhraseSpec p = nlgFactory.createClause();
```

下一步是设定句子的主语，在这个例子中是 Froslass。我们会使用 Apache Commons 的 StringUtils 库将单词变为首字母大写的：

```
p.setSubject(StringUtils.capitalize(male));
```

接下来我们设置动词（*breed*）：

```
p.setVerb("breed");
```

我们的动词会有一个情态动词 *can*，备选方案有 *will*、*should* 等。如果不设置情态动词，句子就会变为 *Froslass breeds with Aegislash*：

```
p.setFeature(Feature. MODAL, "can");
```

这个时候句子可能是 *Froslass can breed*。我们想要告诉用户，Froslass 可以与其他哪只

Pokémon 交配繁殖。所以我们需要增加介词短语 *with Aegislash*。这是通过创建一个介词短语对象、设置它的介词(*with*)并加上名词(*Aegislash*)来实现的:

```
PPPhraseSpec prep_1 = nlgFactory.createPrepositionPhrase();
prep_1.setPreposition("with");
NPPhraseSpec object_1 = nlgFactory.createNounPhrase();

object_1.setNoun(StringUtils.capitalize(female));
prep_1.addComplement(object_1);
```

最后,我们将这个介词短语作为句子的宾语,然后将句子实现为一个 String 对象:

```
p.setObject(prep_1);
String output = realiser.realiseSentence(p);
```

结果正是我们想要的:Froslass can breed with Aegislash。

现在你可能想知道,我们如何能够证明创建 String 所用的 14 行代码的工作可以更简单地写为 String output = male + "can breed with " + female。像 SimpleNLG 这样的库的好处是,这个基本代码模板的微小变化可以产生广泛的句子,每个句子在有细微差别的上下文中都适用。与其为每个变化都创建特例(如果我们使用 male + " can breed with " + female 方式,这是必需的),我们可以调整 SimpleNLG 对象的语法属性来达到期望的效果。比如我们可以移除情态动词(*can*)并将动词的时态改为过去时:

```
p.setVerb("breed");
//p.setFeature(Feature.MODAL, "can");
p.setTense(Tense.PAST);
```

现在实现器产生 *Froslass bred with Aegislash*。SimpleNLG 知道如何将 *breed* 转为 *bred*,因为它可以访问超过 300 000 个词汇特征。

我们将疑问类型转变为各种各样的问句:

```
p.setFeature(
Feature.INTERROGATIVE_TYPE, InterrogativeType.YES_NO);
// 结果: "Did Froslass breed with Aegislash?"

p.setFeature(
Feature.INTERROGATIVE_TYPE, InterrogativeType.WHY);
// 结果: "Why did Froslass breed with Aegislash?"
```

```
p.setFeature(
Feature.INTERROGATIVE_TYPE, InterrogativeType.WHO_SUBJECT);
// 结果: "Who breed with Aegislash?"
```

我们也可以通过结合两个 Pokémon 的名字来创建合取,然后在循环中添加更多内容:

```
CoordinatedPhraseElement coord_obj =
nlgFactory.createCoordinatedPhrase(object_1, object_2);
for(NPPhraseSpec obj : objects_to_add) {
  coord_obj.addCoordinate(object_3);
}
prep_1.addComplement(coord_obj);
```

合取产生的内容类似于 *Froslass can breed with Raichu，Ditto and Aromatisse* 。我们可以通过设置合取特性为 or 来将该合取变为一个析取(disjunction):

```
coord_obj.setFeature(Feature.CONJUNCTION, "or");
```

现在很明显 SimpleNLG 为 NLG 提供了一个框架。考虑到短语的范围,它能够从相同的成分(Pokémon 的名字和动词 "breed")产生,与使用简单的字符串连接方式(也就是 male + " can breed with " + female)需要大量的 if() 条件语句相比,这种方式更简单,代码可能更少。

我们的完整 Pokémon 示例可以在本章的代码库中获得。表 7 - 5 列出了一些查询和响应的例子。

表 7 - 5　关于 Pokemon 繁殖规则的查询和响应的示例

查询	响应
What can Pikachu breed with?	*Pikachu can breed with Ditto，Ambipom and 130 more.*
What can breed with Pikachu?	*Pikachu can breed with Ditto，Ambipom and 130 more.*
which pokemon can Pikachu breed with	*Pikachu can breed with Ditto，Ambipom and 130 more.*
What can Pikachu breed with?（Typo）	*Pikachu cannot breed with any others.*
are Ditto and Ditto compatible?	*Ditto cannot breed with Ditto.*
Can Pikachu and Ditto breed?	*Yup!*

查询	响应
What is the child of granbull and Pikachu?	*The child of Granbull and Pikachu is Pichu.*
if Lucario and Wailord breed，what do we get?	*The child of Lucario and Wailord is Wailmer.*
what is the child of foobar and Pikachu?	*Sorry，I cannot determine the child species of Foobar and Pikachu.*
what day is it?	*I do not understand that question. Try asking 'Can X and Y breed?' or 'What can X breed with?' or 'What is the child of X and Y?'*

这就是我们的 Pokémon 示例，我们开发了处理过程的每一阶段。我们没有通过 Pokémon 示例演示如何使用 Google 的 Speech - to - Text 或者 Text - to - Speech API 来进行语音查询，但 Google 自己的文档（`https://cloud.google.com/text - to - speech/ docs/reference/libraries# client - libraries - install - java`）应该足以满足感兴趣的读者。

第二个例子——大学课程建议

作为一个更实际的例子，我们为 TAROT 课程建议系统实现了一个文本界面（*TAROT: A Course Advising System for the Future*，J. Eckroth，R. Anderson，*Journal of Computing Sciences in Colleges*，*34(3)*，*pp. 108 -116*，*2018*）。TAROT 的领域逻辑是在 Prolog 中实现的，就像我们的 Pokémon 示例一样。但 TAROT 不是开源的，所以我们包含了 Pokémon 示例来展示一个完整的解决方案。课程建议的示例展示了一些有趣的变化，具体细节将在下文中说明。

TAROT 本身运行一个 HTTP 服务器（`http://tarotdemo.artifice.cc:10333`），该

服务器接受一个包含要执行的 Prolog 规则及其参数的 JSON 列表。那些参数中的一部分将是变量(以大写字母开头),所以 TAROT 会计算它们的值。HTTP 服务器返回这些满足规则约束的变量的所有值。这些返回值被格式化为一个键-值对的 JSON 列表,其中键为变量名,值为变量值。

例如,一条可以在 macOS 或者 Linux 终端上运行的 curl 命令,它执行 TAROT 的 finishDegreeFromStudentId 规则。这条规则使用学生的 ID 号(比如 800000000)、他们想要的专业、他们剩余的学期数、开始的学年和学期(秋季或春季)以及他们不需要的课程(比如学生得到导师允许可以跳过的课程)。规则计算各种参数的值,包括学生已经上过的课程(通过从数据库中读取学生信息获得)、他们多年的课程时间表(由 TAROT 确定)、他们现在的、最低的和未来最高的平均绩点、他们的累积课程学分:

```
curl -X "POST" "http://tarotdemo.artifice.cc:10333/tarot"
-H 'Content- Type: application/json; charset= utf- 8'
-d $ '[

  "finishDegreeFromStudentId",
  "800000000",
  "Student",
  "ClassLevel",
  "Advisors",
  "Major",
  "[csci]",
  "4",
  "2018",
  "fall",
  "[csci141,fsem,jsem]",
  "Taken",
  "PlannedSemesters",
  "Gpa",
  "MinGpa",
  "MaxGpa",
  "CreditCount",
  "AllCreditCount",
  "PlannedCreditCount",
  "PlannedAllCreditCount"
]'
```

请求返回的数据包括所有的变量值,但我们唯一感兴趣的值是 PlannedSemesters 课程时间表。这个值会是一个带有特定语法的字符串,我们将在 Java 代码中使用正则表达式

将其拆分。这个字符串包含一个每学期的课程时间表,显示了学生完成学位应该上的所有
课程。

以下是 finishDegreeFromStudentId HTTP 请求(为格式化添加了换行符)运行结果
的一个示例:

```
[
    {
        "Advisors":"[(\"Smith\",\"Jane\")]",
        "AllCreditCount":"39.0",
        "ClassLevel":"senior",
        "CreditCount":"24.0",
        "Gpa":"3.333333333333333",
        "Major":"csci",
        "MaxGpa":"3.75",
        "MinGpa":"1.25",
        "PlannedAllCreditCount":"79.0",
        "PlannedCreditCount":"64.0",
        "PlannedSemesters":"[(2018,fall,[(csci311,_2148,4),(csci321,_2304,4),
(math142,_2460,4),(pcb141,_2616,4)]),(2019,spring,[(csci301,_3516,4),(csci304,
_3672,4),(csci331,_3828,4),(pcb142,_3984,4)]),(2019,fall,[(csci498,_4966,4),
(free,x,x),(free,x,x),(free,x,x)]),(2020,spring,[(csci499,_5342,4),(free,x,x),
(free,x,x),(free,x,x)])
        ]",
        "Student":"\"Doe\",\"John\"",
        "Taken":"[(noyear,transfer,[(astr180,tr,3),(chem110,tr,4),(csci111,tr,
4)]),(2016,fall,[(csci142,3.33,4),(csci211,3.67,4),(rels390,p,4)]),(2017,
spring,[(csci201,3.0,4),(csci221,3.67,4),(hlsc219,4.0,4),(math141,2.33,4)])]"
    }
]
```

PlannedSemesters 值中的 _ 语法表示由于这门课还没有上,所以成绩是未知的。此外,
写成 (free,x,x) 的课程意味着它可以是任何通识教育必修课或者通识选修课。

对于 Rasa 训练,我们编写了一个 Chatito 脚本,它支持三种查询类型的多种变体:*What courses do I need this next semester? What courses do I need to finish my degree?* 以及
What courses are the prerequisites for a specific course?,如下所示:

```
%[schedule_single_semester]('training':'1000')
  ~[what] ~[classes?] ~[can_i] ~[take] next ~[semester?]?
  ~[what] ~[classes?] ~[must_i] ~[take] next ~[semester?]?
```

```
   ~[what] ~[classes?] ~[can_i] ~[take] this ~[semester]?
   ~[what] ~[classes?] ~[must_i] ~[take] this ~[semester]?

% ~[[schedule_finish_degree]('training':'500')
   ~[what] ~[classes] ~[are] ~[left]?
   ~[what] ~[can_i] ~[take] to finish?
   ~[what] ~[can_i] ~[take] to graduate?
   ~[what] ~[are] my ~[4yr]?
   ~[what] ~[are] a ~[4yr]?

% ~[[prereqs]('training':'1000')
   ~[what] ~[are] the ~[prereqs] ~[for] ~[course]?
   ~[what] ~[are] ~[course] ~[prereqs]?
   ~[what] ~[must_i] ~[take] ~[for] ~[course]?

~[what]
   what
   which
   show me
   find

~[classes]
   classes
   courses
   sections
   . (etc.)
```

因为有许多可能的课程(CSCI141、CSCI142、MATH340 等),我们不希望在 Rasa 训练数据中列出所有这些课程。相反,我们会在需要将课程传递给 TAROT 时从查询中提抽取课程(仅在确定先决条件的查询中)。我们这样做而不是使用 Rasa 的实体提取功能是因为我们无法合理地给 Rasa 提供所有必要的训练样例(所有课程),以让 Rasa 可靠地提取作为实体的课程。

但在查询中提到课程是一个很好的指示,说明查询和课程的先决条件有关。因此我们仍然想要 Rasa 学习课程是如何编写的。为此,我们使用 Rasa 的正则表达式来匹配特征。Chatito 不直接支持正则表达式,所以我们需要创建一个提供给 Chatito 的 Rasa 选项的 JSON 文件。这个文件包含以下信息:

```
{
  "rasa_nlu_data": {
    "regex_features": [
      {
```

```
            "name": "course",
            "pattern": "[A-Za-z]{2,4}\\s*\\d{3}[A-Za-z]?"
         }
      ]
   }
}
```

这个正则表达式告诉 Rasa 一门课程是什么样的(2 到 4 个字母后面跟着 3 个数字,也可能后面跟着一个字母来表示通识教育课程)。我们告诉 Chatito 在它的 Rasa 输出中包含以下配置:

```
npx chatito training/tarot-training.chatito \
--format= rasa --formatOptions= training/tarot-rasa-options.json
```

Rasa 对正则表达式的支持有时候会被误解。正则表达式的名称(上例中的 course)与 Rasa 训练样例中的任何意图或实体不相关,它只是正则表达式的名称。此外,在大多数 Rasa 配置中,即使正则表达式与输入匹配,也不会产生实体。换而言之,Rasa 中的正则表达式不创建意图或实体。它们仅对探测意图和实体有帮助。只要正则表达式匹配训练样例中的一个,那个训练样例就会记录正则表达式匹配的事实。如果正则表达式也匹配输入的字符串(用户的查询),那么 Rasa 就会查找同样匹配该正则表达式的所有样例以及相关的意图。因此,Rasa 中的正则表达式有助于识别意图并让我们避免为课程名称的每一个变体创建不同的训练样例。

TAROT 示例中要解决的最后一个方面是 NLG。同样,我们使用的是 SimpleNLG。SimpleNLG 的使用与 Pokémon 示例中的类似,但这里有个有趣的情况。当列出一门课程的先决条件时,我们有几种不同的可能情况:

- 没有先决条件
- 有一个先决条件(一门或多门课程)
- 有多个不同的先决条件(每个都是一门或多门课程),也就是说 CSCI211 的先决条件要么是 CSCI141 和 MATH125,要么是 CSCI141 和 MATH141

对于第一种情况,没有先决条件,我们只创建一个简单的 String,表示 CSCI111 没有先决条件(课程可以是用户询问的任何内容)。使用 SimpleNLG 生成没有变化的简单语句并没有什么好处。

我们使用相同的代码处理第二和第三种情况。为此,对于先决条件课程的不同子集,我们使用 CoordinatedPhraseElement 和一个 or 连词。对于子集中的每门课程,我们使用一个带有 and 连词(默认的连词)的新 CoordinatedPhraseElement。如果我们最终只是向 CoordinatedPhraseElement 添加单一课程或单一子集,那么 SimpleNLG 将不会简单地写入 and 或者 or。

最后,如果有多个子集,我们就在句子中使用复数形式,并且如果有许多子集,则我们在三个之后即停止并说还有多少个。在我们大学,必修的高级研究课程(CSCI498)有复杂的先决条件,可以通过许多不同的方式达到:两门 300＋ 水平的 CSCI 课程加上另一门 300＋ 水平的 CSCI 或者 CINF 课程。

```
public static String respondPrereqs(NLGFactory nlgFactory,
Realiser realiser, String course, List<String> prereqs) {

  // 如果没有先决条件,立即返回
  if(prereqs.get(0).equals("[]")) {
    return course.toUpperCase() + " has no prerequisites.";
  }

  SPhraseSpec p = nlgFactory.createClause();
  NPPhraseSpec subject = nlgFactory.createNounPhrase("the", "prerequisite");

  // 如果有多个 prereq 子集,确保 "prerequisites"
  // 是复数,并且动词是 "are" 而不是 "is"
  if(prereqs.size() > 1) {
    subject.setPlural(true);
    p.setPlural(true);
  }
  PPPhraseSpec prep = nlgFactory.createPrepositionPhrase(
"for", nlgFactory.createNounPhrase(course.toUpperCase()));

  // 把句子主语设为 "the prerequisite",
  // 并加上一个前置修饰语 "for [course]",
  // 就得到了 "the prerequisite for [course]"
  p.setSubject(subject);
  p.addPreModifier(prep);
  p.setVerb("is");
  // 在课程子集之间构建一个析取 ("or")
  CoordinatedPhraseElement prereqOptions =
new CoordinatedPhraseElement();
  prereqOptions.setFeature(Feature.CONJUNCTION, "or");

  // 对于子集中提到的每门课程
```

```
// (根据 TAROT 返回数据的方式,使用正则表达式进行提取)
Pattern coursePattern = Pattern.compile("([a-z]{4}[0-9]{3})");

// 最多显示 3 个子集
for(int i = 0; i < Math.min(prereqs.size(), 3); i++ ) {
  String pr = prereqs.get(i);

// 对课程列表启动一个合取 ("and")
CoordinatedPhraseElement prereqsConj =
new CoordinatedPhraseElement();

// 提取每门课程
Matcher prMatcher = coursePattern.matcher(pr);
int count = 0;
while(prMatcher.find()) {
  prereqsConj.addCoordinate(prMatcher.group(1).toUpperCase());
  count++ ;
}

// 如果我们有多门课程,就说 "all of ..."
// 或者 "both ..."
if(count >  2) {
  prereqsConj.addPreModifier("all of");
} else if(count ==  2) {
  prereqsConj.addPreModifier("both");
}
prereqOptions.addCoordinate(prereqsConj);
}

// 如果我们有很多 prereq 子集,就汇总剩下的
if(prereqs.size() >  3) {
  prereqOptions.addCoordinate
(nlgFactory.createNounPhrase((prereqs.size() -  3) +  " more options"));
}

// 这个句子的宾语是课程列表
p.setObject(prereqOptions);
return realiser.realiseSentence(p);
}
```

表 7 - 6 展示了 TAROT 示例的一些输出例子。

表 7 - 6 TAROT 示例的一些查询和响应

查询	响应
what classes should I take next?	*In Fall 2018, you should take CSCI 311, CSCI 321, MATH 142, and PHYS 141*
what do I need to take this semester?	*[Same response as previous.]*
what do I take next?	*[Same response as previous.]*
what's left?	*In Fall 2018, you should take CSCI 311, CSCI 321, MATH 142, and PCB 141. In Spring 2019, you should take PCB 142, CSCI 304, CSCI 301, and CSCI 331. In Fall 2019, you should take CSCI 498 and 3 general eds. In Spring 2020, you should take CSCI 499 and 3 general eds.*
what must I take to graduate?	*[Same response as previous.]*
what's left in my 4 - year plan?	*[Same response as previous.]*
tell me the prereqs for csci 211.	*The prerequisites for CSCI 211 are both CSCI 141 and MATH 125 or both CSCI 141 and MATH 141*
What must I take for comp sci 142?	*The prerequisite for CSCI 142 is CSCI 141*
what are math 142's prereqs?	*The prerequisite for MATH 142 is MATH 141*
what's required to take math 401?	*The prerequisite for MATH 401 is all of MATH 211, MATH 221, and MATH 243*
What's required for computer science 498?	*The prerequisites for CSCI 498 are all of CINF 490, CSCI 485, and CSCI 490, all of CINF 490, CSCI 471 and CSCI 490, all of CINF 490, CSCI 471 and CSCI 485 or 1765 more options.*

持续评估

现在我们已经开发了一些带有自然语言响应的自然语言查询界面,下面我们应该讨论一些评估接口是否可以工作的技术。

首先,我们应该注意到由于自然语言的灵活性和歧义性,为 Rasa 开发好的训练样例是具有挑战性的。例如,问题"我应该上哪些课?"可能意味着学生想要一份下个学期或者整个大学生涯的课程表。同样,问题"MATH442 什么是必需的?"可能意味着学生只是想知道这门课程的先决条件,或者这个学生只是在上 MATH442 之前需要上的课程,或者一份以 MATH442 课程结束的完整的多学期课程时间表。

语言不只是有时候含糊,而且比想象的更多变。聊天机器人开发者也许会发现在与用户(而不是开发者自己)仅仅进行几分钟的交互后,就会有一大堆的问题和短语被输入到系统中,而它们与训练样例几乎没有什么相似之处。

比如,当询问先决条件时,学生可能会问"对于 MATH442 什么是必需的?""MATH442 之前需要上什么课?""MATH442 有任何先决条件吗?""MATH442 有什么要求?""告诉我 MATH442 的必要条件"等。发现这么多变化的唯一实践方法是在用户面前放置你的查询界面。

出于这个原因,我们建议在两个阶段生成训练样例:第一个阶段,开发者自己生成;第二个阶段,来自用户。为了让用户与一个正在工作的(但不完整)系统进行交互,第一阶段可能是必需的。没有这种交互,用户在假设性的头脑风暴会议中可能不会想到与实际使用这个工具时相同的查询。

持续评估可以通过增加各种监测和反馈机制到一个已部署的系统来实现。我们建议至少增加以下内容:

- 记录所有查询和生成的响应。此记录对于分析查询频率、发现查询的多样性以及调试生成的响应是否合适都是必需的。

- 突出显示日志中没有生成响应或者生成默认的 *I don't know what you mean try asking...*响应的查询。这些是非常重要的指示,说明用户没有有效地使用系统,因为他们正在输入他们认为有效的查询,但系统无法产生任何响应。
- 跟踪每个用户每次会话的查询或交互次数。更长时间的交互并不一定是更好的交互,因为用户可能在努力寻找问正确问题的方法——日志将能够显示这一点。同样,短时间的交互可能表明用户过早就放弃了。
- 跟踪用户的访问时间。如果用户不再返回,他们可能对界面不满意。
- 如果界面是在一个网站或者其他应用程序中显示的,那么可以增加一个反馈机制来询问用户是否对系统的响应感到满意。

由于询问同一件事情的方式多种多样,所以自然语言界面要做到清楚无误是非常具有挑战性的,但它们提供了理解用户思维模式的独特视角。一般来说,我们会对点击或者重复访问一个应用程序或网站进行跟踪。很难梳理出用户使用应用程序和网站的意图和感受。

然而,自然语言界面可以很容易地暴露用户的意图和感受:他们通常会在查询中提供这些事实。比如当用户输入"MATH442 的先决课程是什么?"时,我们很清楚知道他们想知道什么。我们不需要从他们的点击模式中推断出这一点。当一个用户用不同的方式问同一个问题时,我们知道他们没有得到期望的答案。我们甚至可以给系统添加自然语言反馈来明确地获得他们对使用系统的反应,然后使用 Rasa 或者情感分析(如第 3 章所述)来判断他们是否对系统有积极的体验。

本章总结

本章演示了如何为两个不同的领域构建一个自然语言界面:Pokémon 游戏的繁殖规则和面向大学生的课程建议。

我们开发了一个包含三个组成部分的流程:首先,我们使用 Rasa 库确定用户的问题是关于什么的,即它的"意图";然后,我们通过参考 Prolog 中实现的领域特定逻辑来计算问题的答案;最后,我们使用逻辑后端找到的数据来生成自然语言响应。

就用户而言,他们提供一个英语问题,并得到一个英语回答。通过使用 Google 的 Speech –

to - Text 和 Text - to - Speech API 可以直接处理语音的输入和输出。这两项服务会被分别添加到流程的开始和结束,而不需要对现有的三阶段流程进行任何更改。最后,我们还解决了一些与评估相关的问题,以确保自然语言界面能够很好地为用户工作。由于这类界面让用户使用常规语言,而不是代码或特定于应用程序的图形界面,所以这类界面有一些独特的问题和见解,是我们通常不会在普通用户跟踪和反馈技术中发现的。

在下一章也就是最后一章中,我们会讨论人工智能是如何被公众感知的以及它是如何受困于炒作周期的,也就是人工智能发展过程中的剧烈变迁。我们也会为希望有效使用人工智能技术而不是成为炒作周期炮灰的那些企业提供建议。我们会以对人工智能短期前景的展望结束本书。

8

为未来做好准备并在炒作周期中生存下来

在本书的整个旅程中,我们展示了各种人工智能和机器学习项目,从能够理解用户反馈(第3章)到在社交媒体中检测我们的产品和 logo(第5章)。我们正在研究的项目是多种多样的,以便了解人工智能可以帮助丰富应用程序的多种不同方式。在人工智能相对较短的60 年历史中,人们开发了许多技术来解决各种各样的问题,其中包括符号推理(如第7章中的 Prolog 代码)、启发式搜索(第2章)、神经网络(第5章)和矩阵分解(第4章)。

在本书中,我们关注了一些最流行和最成功的技术。如果我们只关注一种特定的技术,例如神经网络,我们可能会过于关注细节,以至于我们开始相信这不是智能,而只是计算机代码!多年来,关于人工智能到底是真正的智能还是只是聪明的编程,人们进行过无数次争论。我认为,如果应用程序表现得智能,那么我们就有了人工智能。在前面的章节中,我们强调了评估每个应用程序的人工智能组件成功与否的重要性。仅使用特定技术并不能使应用程序自动智能化。它需要包括正确的领域知识或训练数据,它需要正确地实现,并且需要证明它确实可以解决问题。一家公司如何才能确保在正确的地方以正确的原因使用正确的人工智能?

在本章中,我们将介绍:

- 探索几个重要应用领域中的最新技术
- 了解"炒作周期"以及当人工智能被炒作并在之后受到批评时该期望什么
- 展望人工智能的短期前景以及如何保持领先地位

始终领先一步

人工智能屡屡遭受炒作周期的困扰：人们对将人工智能用于尽可能多的应用程序的兴趣日益浓厚，随之而来的是幻灭，并声称人工智能永远无法兑现承诺。更糟的是，人工智能常常被误解，甚至有一个名字叫"人工智能效应"（AI effect）。正如其创始人拉里·特斯勒（Larry Tesler）所描述的，"智能是机器尚未完成的一切"（http://www.nomodes.com/Larry_Tesler_Consulting/Adages_and_Coinages.html）。换句话说，在应用程序被开发和部署之前，它被称为人工智能。一旦它普遍可用，这种研究和开发的成果将被追溯认为"仅仅是工程"或"仅仅是软件"，而人工智能的魅力将转移到下一个未实现的梦想。举一个经典的例子，A＊搜索（通常用于游戏中的寻路）最初是 20 世纪 60 年代的一种新颖的人工智能技术，而现在，它只是一个普通的图搜索算法。

帕梅拉·麦考德克（Pamela McCorduck）在 1979 年出版的 *Machines Who Think* 一书中对人工智能效应总结如下：

> *实际的人工智能成功案例，实际上实现了智能行为的计算程序，很快被吸收到了任何被发现有用的应用领域中，并与其他解决问题的方法一起成为沉默的合作伙伴，这使得人工智能研究人员只能处理"失败"，那些难啃的硬骨头。……人们似乎会认为，如果你能看到它是如何做到的，那么它就不可能是智能。*
>
> —— 帕梅拉·麦考德克（Pamela McCorduck）

Machines Who Think：A personal inquiry into the history and prospects of artificial intelligence，AK Peters/CRC Press，2004，pg. 423

我们可以考虑向普通民众询问有关国际象棋引擎的反馈。今天，人们可以下载 Android 或 iOS 应用程序，并与大师级别的计算机对手下棋。例如，在 HTC Touch HD 手机（2008 年发布）上运行的 Pocket Fritz 4 应用程序（https://shop.chessbase.com/en/products/pocket_fritz_4）在 Elo 等级量表上获得了 2898 等级分，而当前的世界冠军玛格努斯·卡尔森（Magnus Carlsen）获得了 2882（峰值）（https://en.wikipedia.org/wiki/Magnus_Carlsen）。当前的开源国际象棋软件，例如 Stockfish（http://www.computerchess.org.uk/ccrl/4040/rating _ list _ all.html）的得分为 3438 （https://stockfishchess.org/）。

国际象棋计算机程序是人工智能吗？Stockfish 自己的文档中没有使用"人工智能"这样的术语。维基百科关于计算机国际象棋的页面（https://en.wikipedia.org/wiki/Computer_chess）中也没有使用这些术语，尽管该页面属于"游戏人工智能"类别。如今，国际象棋计算机程序似乎只是"聪明的算法"和许多特定于领域的信息，例如大型开放国际象棋走步数据库。但是在 20 世纪 90 年代后期，由于 IBM 的"深蓝"（Deep Blue）机器在与当时的国际象棋世界冠军加里·卡斯帕罗夫（Garry Kasparov）的对决中取得了胜利而削弱了人类的智能巅峰地位，而在比赛之前，卡斯帕罗夫从未输掉过一场比赛（https://www.nytimes.com/1997/05/12/nyregion/swift - and - slashing - computer - topples - kasparov.html）。比赛开始前一周，1997 年 5 月 5 日 *Newsweek* 的封面标题是 *The Brain's Last Stand*。然而，有些人不认为"深蓝"的胜利是人工智能的胜利，也不认为它对智能有任何启示：

> 它们只是在某些我们认为需要智能的智能活动中超过了人类。天哪，我以前还以为下棋需要思考呢。现在，我意识到事实并非如此。这并不意味着卡斯帕罗夫不是一个深思熟虑的人，只是你可以在下棋时绕开深层思考，就像你不扇动翅膀也能飞行一样。

—— 道格拉斯·霍夫施塔特（Douglas Hofstadter）

Mean Chess - Playing Computer Tears at Meaning of Thought，Bruce Weber，*The New York Times*，Feb 19，1996

（http://besser.tsoa.nyu.edu/impact/w96/News/News7/0219weber.html）

最近，Google 解决了击败世界围棋冠军李世石（Lee Sedol）的问题。2016 年，Google 的 AlphaGo 系统使用深度强化学习和蒙特卡洛树搜索技术击败了李世石。围棋比国际象棋要复杂得多，这就解释了为什么"深蓝"的胜利与 AlphaGo 的胜利间隔了 20 年。也许 AlphaGo 和深度学习是一种新型智能的模型；也许不久之后它们将被视为"仅仅是统计数据"或"仅仅是数据处理"。

事物的状态

当启动一个新的人工智能应用程序时,我们建议使用以下一种或多种软件工具和 API。本节包括一些最受欢迎的工具,并没有试图代表所有可用的工具。尽管必须将它们与某些自定义开发结合才能构建完整的应用程序,但这些工具还是有助于开发高级的、特定于领域的应用程序。

自然语言处理

自然语言处理(NLP)是指必须对采用以日常语言(例如英语、法语等)的普通人类书写的文本或语音,而不是以代码或其他结构化形式编写的文本的处理。如果你的应用程序必须处理自然语言的文本或语音,通常需要 NLP 提取相关数据,然后再进行进一步处理。

- **spaCy**(`https://spacy.io/`) 和 **CoreNLP**(`https://stanfordnlp.github.io/CoreNLP/`):句子解析和词性标注;实体提取(例如,查找人名、地点、日期等);文档相似性度量。我们在第 3 章中使用了 CoreNLP。
- **Rasa**(`https://rasa.com/`):支持构建聊天机器人;在内部使用 spaCy。我们在第 7 章中使用了 Rasa。
- **Google Cloud Natural Language**(`https://cloud.google.com/naturallanguage/`):情感分析;实体提取;内容分类,即识别短语或文档的话题或主题。
- **Google Cloud Translation**(`https://cloud.google.com/translate/`):将以一种语言编写的文本翻译为另一种语言。
- **Google Text-to-Speech**(`https://cloud.google.com/text-to-speech/`) 和 **Speech-to-Text**(`https://cloud.google.com/speech-to-text/`):将语音记录转换为书面文本以及相反的转换。

计算机视觉

计算机视觉几乎涵盖了任何涉及图像或视频的任务,包括检测、识别和跟踪对象,寻找相似图像,以及修复或增强图像。

- **TensorFlow**（https://www.tensorflow.org/）和 **PyTorch**（https://pytorch.org/）:神经网络和深度学习,用于目标分类、图像修复、图像分割(例如,将前景与背景分离)以及许多其他任务;通常由其他工具使用。我们在第 5 章中使用了 TensorFlow。
- **OpenCV**（https://opencv.org/）:图像和视频操作与转换;摄像头接口和立体重建(即从一对摄像头中获取 3D 效果图);特征检测(即用于图像分类);目标跟踪。
- **Google Cloud Vision**（https://cloud.google.com/vision/）:光学字符识别(即将扫描的文档转换为文本);目标检测;人脸、地标和 logo 检测。

专家系统和业务规则

专家系统实际上曾经是人工智能的同义词,就像今天的深度学习一样。它们使软件可以充当领域专家,例如医疗诊断专家、石油钻探专家、欺诈检测器等。如今,专家系统外壳(即允许人们构建专家系统的工具)通常被描述为业务规则引擎,并用于执行有关业务操作的规则,如文档工作流、问题跟踪和计费。

- **Drools**（https://www.drools.org/）:规则编写和执行。

规划与调度

一些任务需要搜索活动或项目的顺序或安排,以满足某些约束。例如,为包裹卡车找到一条运送所有包裹的有效路线是一个规划问题,而安排好教师、学生、教室和时间,使得每堂课都由一些老师来教,学生也能上他们需要的课是一个调度问题。

- **OptaPlanner**（https://www.optaplanner.org/）:约束满足库,用于查找满足特定硬性约束和软性约束的项目或行动的安排或顺序。我们在第 2 章中使用了 OptaPlanner。
- **CPLEX**（https://www.ibm.com/analytics/cplex - optimizer）和 **Gurobi**（http://www.gurobi.com/）:高效的约束求解器,用于可用整数线性规划求解

的问题的子类（https://en.wikipedia.org/wiki/Integer_programming）。

机器人

最后，我们有一类问题，需要一个物理实体，带有电动机和传感器，在现实世界中工作。机器人可以有许多用途，例如工厂自动化、自动驾驶汽车、农业、个人陪伴等。机器人利用了前面几节中提到的许多工具，因为机器人需要参与规划，需要具有计算机视觉才能看到东西，需要诸如专家系统之类的专门知识，甚至可能需要以自然语言与人类进行交流。但是，有一个机器人专用平台值得一提：

- **Robot Operating System(机器人操作系统，ROS)**（http://www.ros.org/）：处理特定任务但旨在一起工作以形成一个连贯的集成的各种库，例如，各种库将处理传感器，而 ROS 则将所有这些传感器值集成到对机器人世界的一致描述中；同样，ROS 也包含了用于在多种电动机之间协调电动机命令的工具。

从此简短的软件工具列表中可以明显看出，许多不同类型的问题都可以用现有的人工智能工具来解决。只要知道这些工具的存在就可以帮助公司解决复杂的问题，而不必尝试从头开始实现自己的人工智能或因为错误地认为解决方案遥不可及而放弃努力。例如，如果某公司希望识别社交媒体上包含其 logo 的照片，而该公司的工程师不了解 TensorFlow 或我们在第 5 章中的示例，则该任务似乎是不可能的，机会将被错过。

我们的人工智能工具清单应该让人放心。有很多可用于构建人工智能解决方案的支持。但是，人工智能无法解决我们所有的问题。正如我们在本书所有章节中所见证的那样，虽然我们可能拥有正确的算法，但解决方案的有效性通常在很大程度上取决于训练数据的质量和多样性、模式和规则的详尽程度以及我们为处理现实世界中的"长尾问题"而为特殊情况编写代码所花费的时间和精力，如图 8 - 1 所示。

这条长尾代表了我们在真实数据中看到的所有事物，但这些事物并没有被我们的软件正确处理。即使拥有最佳的训练数据和最广泛的规则集，一旦部署，我们的软件就将不可避免地遇到它从未见过且无法正确处理的情况。在这些情况下会有很多变化，它们可能是永远不会重复的单一事件。因此出现了长尾现象：每种情况实际上都是唯一的，但这样的情况有很多。这就是为什么我们在本书中一直强调持续评估，以帮助发现这些情况并以适当的方式进行处理。

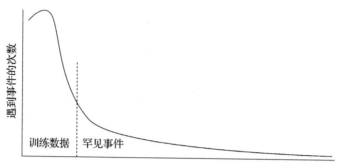

图 8 – 1　长尾问题的一个例子:训练数据碰巧只包含相对频繁的事件,而
现实世界中有许多人工智能系统可能无法正确处理的罕见事件

正如我们在第 1 章中讨论的那样,构建和部署成功的人工智能应用程序要求工程师和项目经理像对待任何软件项目一样,仔细研究整个软件生命周期:描述问题并找到一个业务用例,开发一个解决方案,找出一个与现有工作流和基础设施集成的部署策略,并在部署系统后对其进行监控,以发现更改或意外情况,例如长尾问题或系统正在处理的数据类型的意外更改。通过这种策略,构建和部署人工智能应该很简单。然而,情况并非总是如此。人工智能是令人兴奋的,人工智能是未来。但是人工智能有时会被过度炒作,这让一切变得更加困难。

了解人工智能的炒作周期

Google 的首席执行官桑达尔·皮查伊(Sundar Pichai)在 2018 年 1 月表示,人工智能是人类正在努力的最重要的事情之一。它比电或火更深刻(https://www.cnbc.com/2018/02/01/google - ceo - sundar - pichai - ai - is - more - importantthan - fire - electricity.html)。尽管皮查伊指的是诸如癌症研究和语言翻译之类的有用追求,诸如此类的戏剧性证明为人工智能研究人员以及富含人工智能技术的产品和服务设定了一个不可能的标准。事实上,人工智能在许多应用领域都取得了显著进步,而本书仅展示了用相对较少的努力就可以用人工智能做些什么,但是人工智能作为一个领域和广受关注的问题,以前也见证过这样的**春天**——它们总是在某种**人工智能寒冬**之后。人工智能寒冬是指用于人工智能研究的资金(通常是政府资助)和风险资本逐渐减少,并且普通人对人工智能未来的乐观情绪下降到了人工智能被视为傻瓜游戏的地步的一段时间。过去曾经有过一些人工智能寒冬(https://en.wikipedia.org/wiki/AI_winter),但请记住,在这些所谓的干旱时期,人工智能研究仍在进行,这一点更为重要。计算机历史博物馆软件历史中心主任戴维·布洛克(David Brock)总结了自 20 世纪 60 年代以来对人工智能做出了重大贡献的研究人员的最新小组讨论(*Learning from Artifical Intelligence's Previous A-wakenings：The History of Expert Systems*，*Brock*，*David C*，*AI Magazine*，*vol. 39*，*no. 3, 2018, pp.3 -15*,https://aaai.org/ojs/index.php/aimagazine/article/view/2809)。根据这些小组成员的意见,他发表了以下看法:

> *迄今为止,人工智能历史上一介明显的模式是振荡。人工智能社区不断地将注意力从一组核心的兴趣和方法转移到另一组核心的兴趣和方法上:启发式问题解决、神经网络、逻辑推理和感知。每个人都陷入了困境再脱离,然后又陷入困境,至少持续了一个周期,甚至更多。然而,人工智能领域的许多人看到了稳步发展……即便如此,在人工智能领域之外,学术界、商界、政府部门和文化界对人工智能的兴趣也曾多次从振奋到近乎绝望。*

> *Learning from Artifical Intelligence's Previous Awakenings：The History of Expert Systems*，*Brock*，*David C*，*AI Magazine*，*vol. 39*，*no. 3, 2018, pp.3 -15*,

> https://aaai.org/ojs/index.php/aimagazine/article/view/2809

总而言之,尽管人工智能在过去半个世纪中一直在进步,但大众的观点却摇摆不定。这种现象并非人工智能所独有,在信息技术领域很常见。未来学家罗伊·阿马拉(Roy Amara)总结:我们往往会高估一项技术在短期内的影响,而低估其在长期内的影响(https://en.wikipedia.org/wiki/Hype_cycle)。迈克尔·穆兰尼(Michael Mullany)记录了过去几十年的一系列被过度炒作的技术(*8 Lessons from 20 Years of Hype Cycles*，*Mullany*，*Michael*，https://www.linkedin.com/pulse/8 - lessons - from - 20 - years - hype - cycles -michael -mullany/),包括智能代理(例如,Microsoft 的 Clippy)、语音识别、进化计算(例如,遗传算法)、3D 打印、桌面 Linux、量子计算和虚拟现实。

炒作周期可以如图 8-2 所示。在最初的兴趣爆发之后,当这项技术没有达到预期时,幻灭就开始了。希望该技术能够存活下来并继续成熟，直到最终再次受到认可并达到期望为止。该图实际上并没有显示一个"周期"。虽然某些技术在不同的年代一再被炒作（例如20世纪90年代和21世纪初对虚拟现实的炒作），但炒作周期解释了我们对各种技术不断重复此曲线的趋势。摆脱这种周期的唯一方法是学会更好地确定新技术的真正能力和前景。

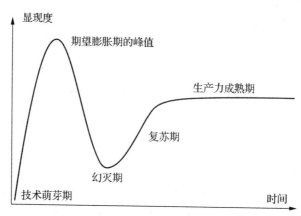

图 8-2　炒作周期（**https://en.wikipedia.org/wiki/Hype_cycle**）

利用炒作周期是有好处的。这一点很容易说服投资者和出资机构，人工智能尤其是深度学习是解决许多问题的正确方法。如果将人工智能用于解决具有挑战性的社会问题，例如从社交媒体中检测并删除虚假新闻，降低个人消费者受到网络安全攻击的风险，及早发现癌症等，那就特别容易。有理由相信人工智能确实可以在解决这些问题中发挥重要作用。但是这其中也有炒作，或许炒作过多了。也许现在下结论还为时过早。

我们必须谨慎地为公司的软件和服务设定适当的期望。以 IBM 的 Watson 为例。2011年，IBM 通过在一场电视转播的比赛中击败了《危险边缘》（*Jeopardy*！）冠军肯·詹宁斯（Ken Jennings）和布拉德·鲁特（Brad Rutter），展示了他们新系统的人工智能能力。当时，Watson 使用了复杂的文档搜索技术以及大量的字典、百科全书等。在公开展示人工智能之后，IBM 已将 Watson 转变为其各种人工智能产品的品牌。此后，Watson 的任务是诊断癌症、天气预报、报税及时装设计等（`https://en.wikipedia.org/wiki/Watson_(computer)`）。搜索有关 Watson 项目的新闻报道，通常会出现两种类型的报道：

1. Watson 将被部署用于某些应用程序并有望带来显著优势（例如，*IBM's Watson be*

an accountant killer?，*Marks Gene*，*The Washington Post*，*February 6*，*2017*，https://www.washingtonpost.com/news/on‑small‑business/wp/2017/02/06/will‑ibms‑watson‑bean‑accountant‑killer/）

2. Watson 无法提供显著优势（例如，*IBM's Watson recommended 'unsafe and incorrect' cancer treatments*，*Spitzer*，*Julie*，*STAT report finds*，*Becker's Health IT and CIO Report*，*July 25*，*2018*，https://www.beckershospitalreview.com/artificial‑intelligence/ibm‑s‑watsonrecommended‑unsafe‑and‑incorrect‑cancer‑treatments‑stat‑reportfinds.html）

如果 IBM 希望避免在炒作周期图上幻灭的低谷，他们将需要更多具有正面结果的新闻报道（而不仅仅是承诺），以抵消具有负面结果的新闻报道。

炒作周期表明，消费者和最终用户将"持续评估"系统的性能。你也应该这样做。部署之前的产品开发阶段只是承诺，只是炒作。证明就在部署中。这个系统真的有效吗？它能做到承诺的一切吗？

如何避免令客户美好的期望破灭？使期望与部署的内容保持一致。你的声明要谦虚。例如，我们可以通过两种方式描述第 7 章中的课程建议聊天机器人：

- 我们的机器人可以与学生交流，帮助他们的大学生涯取得成功
- 我们的机器人可以回答有关专业和课程设置的常见问题，以使指导老师将他们的时间投入到更有意义的互动中

第一种描述似乎表明，学生可以就几乎所有与大学有关的事情与机器人对话；不仅如此，它还表明可以通过许多问题和回答来维持对话，这就要求该机器人以一种它实际上无法做到的方式来管理语境。另一方面，第二种描述将建议的交互范围缩小到该机器人被设计支持的范围。

尽可能（市场营销专家对此会予以回避）避免使用诸如"学习""知道"或"理解"之类的高暗示性的词汇。这些词传达了一种超越大多数或许是所有人工智能和机器学习工具的复杂性。即使"机器学习"的名称中包含"学习"，但机器学习中的"学习"通常与人们在正常对话中所说的学习不同。机器学习技术（如神经网络）能够学习训练数据中的特征、模式和规则。但是，不能说一个学会区分猫和狗的神经网络已经了解了猫是什么、狗是什么。如果

使用猫和狗的照片训练它,那么它很可能会被任何一幅卡通画弄糊涂。但是,我们希望了解猫和狗的人(即孩子)能够通过仅仅一幅画将它们区分开。研究人员一直在寻找让机器学习这些对人类来说似乎很容易的相同类型的抽象方法,但是这个意义上的通用学习者仍然没有实现。

同样,"知道"(knows)和"理解"(understands)暗示人工智能系统几乎永远不会犯错。例如,一辆理解道路标志的自动驾驶汽车在晴天遇到停车标志时是不会开动的。但是,如果这辆车确实闯过了停车标志,也许是因为一棵树在标志上投下了部分阴影,导致计算机视觉系统将其误认为是让车标志(或其他某种标志),其实每个人都很清楚发生了什么,但是实际上汽车不理解路标。如果道路标志故障不止一次发生,汽车就会被贴上"愚蠢""人工智能失败"以及"另一个人工智能虚假承诺例子"的标签。

当然,我们不建议为了避免过度承诺而对你的产品进行详细描述。没有营销经理会允许这样做。我们只是想指出,人们倾向于记住极端情况而不是正常情况。人们只记得他们中彩票的时候,而不是他们输的时候。他们大多只记得软件何时发生了故障,尤其是在灾难性故障的情况下,而当软件做了它该做的事情时,他们就不那么记得了。

下一个大事件

我们现在展望未来几年可能会发生的情况。显然,由于深度学习在许多应用领域都取得了巨大而广泛的成功,因此它将继续存在。在不久的将来,深度学习有望被应用于更多的领域,尤其是在医疗保健和医药领域。将不同形态的数据与深度学习结合在一起方面也有重大的研究兴趣。例如,构建可以创建图像的文本描述或从文本描述创建图像的模型。这种研究旨在在深度学习体系结构中加入更多的逻辑和结构,因此它比简单的"输入/输出"对(例如,input = image,output = "cat")更复杂。例如,Zhu 和 Jiang 最近报告说,仅通过看一张照片就可以理解人与马之间的关系(*Deep Structured Learning for Visual Relationship Detection*,*Zhu*,*Yaohui*,*and Shuqiang Jiang*,*Proceedings of the Thirty-Second AAAI Conference on Artificial Intelligence*,*2018*)。

目前尚不清楚自动驾驶汽车是否会被普通消费者广泛使用。但是为支持目前正在测试的汽车而开发的技术不会消失。某种类型的自动驾驶汽车可能最终会用于工业应用,例如在预定路线上进行长途货运。这并不一定会直接影响软件公司,但我们应该期待从这些努力中看到一些新技术,就像太空计划为药物治疗和惰性海绵贡献了 LED(https://en.wikipedia.org/wiki/NASA_spinoff_technologies)。特别是,我们可能会发现无人驾驶汽车研究改进了 GPS、机器人技术、ROS 软件以及计算机视觉软件。

机器学习将继续通过 API 来提供服务,例如 Google (https://cloud.google.com/products/ai/)、Microsoft (https://azure.microsoft.com/eh-us / services / cognitive - services /) 和 Amazon (https://aws. amazon. com/machine - learning/)当前提供的服务。预计这些产品将扩展到包括更多的人工智能技术和更简单的方法,以根据自己的数据训练模型。这些公司拥有大量可用于训练的数据,而这些数据不向公众开放,还有专用硬件,因此对一般公司来说,使用他们的 API 比尝试构建自己的模型并从头进行训练更为经济。

为此,希望这些 API 能够强调**迁移学习**,正如我们在第 5 章中看到的,这样用户可以用很少的训练数据获得高质量的人工智能模型。期望找到依赖这些人工智能 API 的初创公司,就像今天依赖云计算的公司一样。

最后,我们很可能会发现,与机器一起工作比期望用机器取代人类更有好处。考虑一下国际象棋的情况,我们在本章的开头对此进行了讨论。我们展示了今天的国际象棋引擎是如何远远优于国际象棋冠军的。但是,在 2005 年,两名国际象棋业余爱好者证明了与低性能的国际象棋引擎(同时使用多种引擎)合作可以击败当时的国际象棋冠军和其他顶级国际象棋引擎(*The cyborg chess players that can't be beaten*, *Baraniuk*, *Chris*, *BBC*, *December 4, 2015*,http://www.bbc.com/future/story/20151201-the-cyborgchess - players - that - cant - be - beaten)。对此结果的一个常见解释是,国际象棋引擎只能搜索国际象棋的走步,人类却能使用其直觉,而这正是计算机所缺乏的东西;而当人类的直觉能够对计算机的输出进行评估时,性能就会得到提高。我们应该期望看到更多的人工智能工具被用作认知工具而不是替代品。虽然人工智能能够以某种可接受的准确性自动检测欺诈行为,但让人们重新审视这些边缘案例会不会更好呢?从这个意义上讲,人工智能可以帮助我们更好地完成工作,可以帮助我们更加专注,更具创造力,更有效率。数十年来,计算机,也就是机器本身,它一直扮演着这个角色。人工智能是我们最大限度地发挥这种潜力的方式。

本章总结

总而言之,人工智能是很热门的东西。考虑到本书介绍的项目的多样性,以及我们无法包括的许多类型的项目,几乎每个企业都可以找到一个地方让人工智能来增强其流程、产品和服务。我们尚不了解深度学习和机器学习的局限性。但是,即使不能满足某些过高的期望,我们在此过程中开发和部署的软件和技术仍将继续解决业务需求。人工智能寒冬、人工智能暖春和炒作周期大多只是媒体的叙述,为复杂和技术性的故事带来戏剧性的弧线。但是令人兴奋是真实的——人工智能和机器学习库、数据集、初创公司、工作、课程、书籍和视频的数量在该领域的历史上是无与伦比的。是时候好好利用它了。